SUPERサイエンス

知られざる温泉の秘密

名古屋工業大学名誉教授
齋藤勝裕 Saito Katsuhiro

C&R研究所

■本書について

● 本書は、2022年4月時点の情報をもとに執筆しています。

●本書の内容に関するお問い合わせについて

この度はC&R研究所の書籍をお買いあげいただきましてありがとうございます。本書の内容に関するお問い合わせは、「書名」「該当するページ番号」「返信先」を必ず明記の上、C&R研究所のホームページ（https://www.c-r.com/）の右上の「お問い合わせ」をクリックし、専用フォームからお送りいただくか、FAXまたは郵送で次の宛先までお送りください。お電話でのお問い合わせや本書の内容とは直接的に関係のない事柄に関するご質問にはお答えできませんので、あらかじめご了承ください。

〒950-3122　新潟市北区西名目所4083-6
株式会社C&R研究所　編集部
FAX 025-258-2801
「SUPERサイエンス 知られざる温泉の秘密」サポート係

はじめに

温泉に行くのは楽しいものです。美しい景色を眺めて美味しいものを食べ、のんびりと気持ちの良いお風呂に入るのですから、楽しくないはずはありません。

一口に温泉と言っても、温泉にはいろいろの種類があります。冷たい温泉、冷泉もあります。放射線が溶け込んでいる放射能泉もあります。「体調の悪い人は入らないでください」と注意書きのある温泉もあります。

温泉は地球の内部から送られてくる手紙のようなものです。温泉を調べると地球の内部がどうなっているかがわかります。地球の内部は太陽の表面温度（6000℃）と同じくらいの高温になっています。地球の表面に浸み込んだ地下水は、地球内部の深いところまで旅をします。そこで温められた水が、また地表に舞い戻ってきたものが温泉水なのです。ですから温泉水には地球内部の宝物が溶け込んでいます。温泉に入ると体も心も癒されて健康になるのは、その宝物のおかげなのです。

本書には温泉だけでなく、地球のこともたくさん書いてあります。本書を読んで温泉に行ったような気分になるのも良いですし、温泉地で読むのも結構です。本書を楽しんでいただければ本当に嬉しいことです。

2022年4月

齋藤勝裕

CONTENTS

CONTENTS

Chapter 4 日本と世界の温泉

Chapter 5 温泉の起源

CONTENTS

Chapter 8

温泉の問題点

Chapter. 1
温泉の魅力

SECTION 01

温泉の歴史

日本人にとって温泉旅行というのは楽しいことの筆頭にあげることができるのではないでしょうか。電車や車にゆられて美しい景色を眺めながら温泉地に着き、かすかに温泉の匂いのする空気を吸うと、反射的に幸福な感じがします。土地の名物を置いた土産店の並ぶ温泉街を通って目指す旅館に着き、出迎えを受けてロビーに入った途端、日常を離れた異文化が始まります。しばらくは、この異文化と滔々と湧きこぼれるお湯にゆったりと身も心も浸すことができるのです。温泉は日本人の幸福の原点なのかもしれません。

日本の温泉の歴史

温泉には2つの側面があります。1つは娯楽、レジャーです。家族旅行、会社の慰安旅行、友人同士の旅行。一同でお湯につかり、土地の名物を食べ、団らんの内に親睦を深めるというものです。

もう1つは健康、医療の側面です。昔、農家の人々が、秋の取り入れを終えると湯治《とうじ》といって温泉に行き、湯治場で自炊をしながら数日間を過ごしたのは、忙しかった農繁期に溜まった疲れを落とすという目的だったでしょう。また、戦国時代に武将が隠し湯などと呼ばれる固有の温泉地を持っていたのは、武闘で傷ついた体を治すという治療の目的があったことでしょう。

発生期の温泉

現代の日本人が温泉に期待するものは、主に観光レジャーではないでしょうか。しかし、古代の日本人が温泉に求めたものは健康と治療効果だったようです。温泉の発見の歴史に、傷ついた野生動物が湯につかるのを見て温泉を発見したという話が多いのもそれを物語るものと思われます。

考古学的に考えれば、塩を含む温泉に、塩分を求めて草食動物が集まり、その動物たちを狩る人間が温泉の周りに集まり、人の営みが生まれて集落ができ、温泉地帯として発展し、温泉に親しむ日本の文化が生まれたということになるのでしょう。

♨古代の温泉

日本は火山国と言われるように火山が多く、その結果、温泉は各地に存在し、またヤオヨロズ(八百万)の神々と言われるほど神々の多い日本では、温泉の歴史も神々と密接に連携することになります。

つまり、温泉が見つかった由来という開湯伝説には、神様が登場する例が非常に多くあります。そのような神話によく登場するのは、温泉の神とされる大国主命《おおくにぬしのみこと》(大黒様)と少彦名命《すくなびこなのみこと》にまつわるものです。

例えば『伊予国風土記』には、日本三古湯の1つである道後温泉について記してありますが、それによれば大国主命が大分県の鶴見岳の山麓から湧く「速見の湯」(現在の別府温泉)を海底に管を通して道後温泉へと導き、少彦名命の病を治したとされています。

いわゆる古湯とされる、古くから知られている温泉では、その利用の歴史が『日本書紀』、『続日本紀』、『万葉集』、『拾遺和歌集』などの古い文献に記されています。その中には禊《みそぎ》の神事や天皇の温泉行幸などで使用されたとして玉造温泉、有馬温泉、道後温泉、白浜温泉、秋保温泉など、現在も有名な温泉の名前が残されています。また、平安時代の『延喜式神名帳』には、温泉の神を祀る温泉神社等の社名が数社記載されているといいます。

●延喜式神名帳

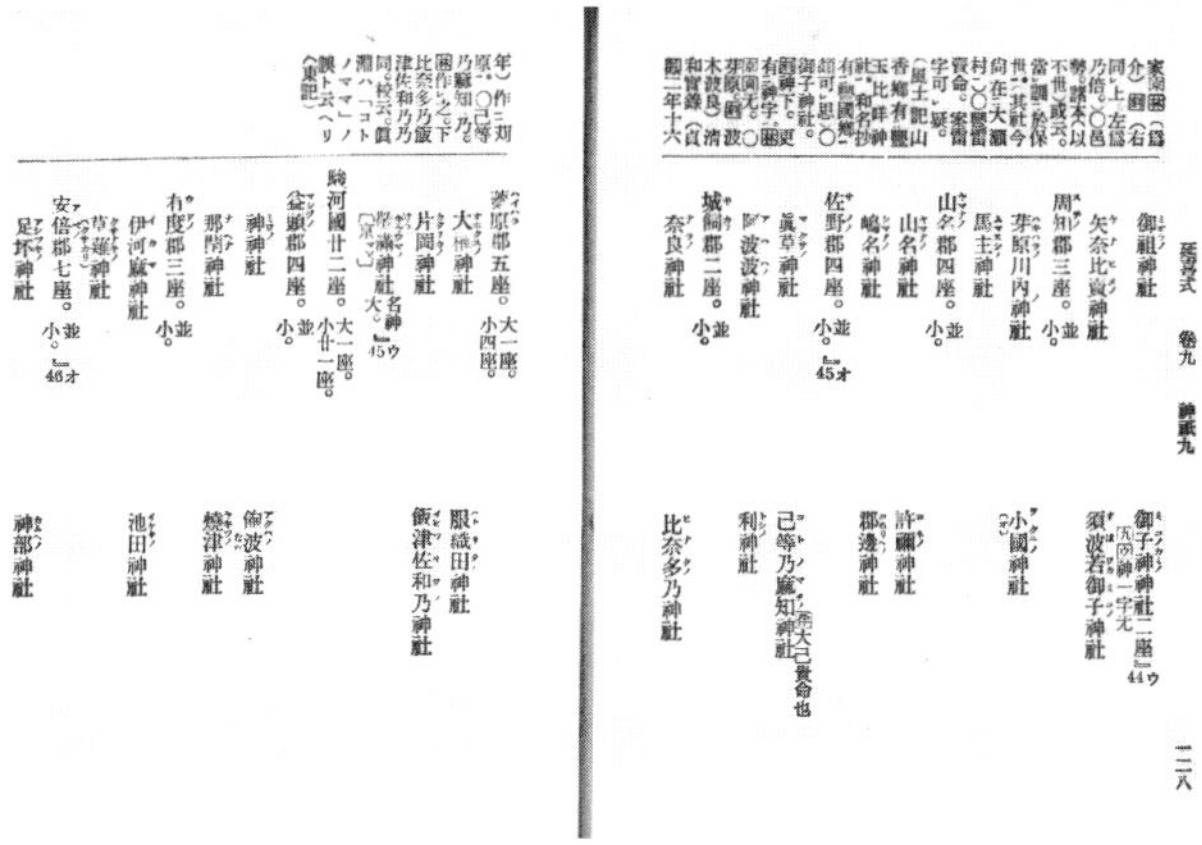

♨中世の温泉

温泉が神様と一体化し、信仰の対象になっていた古代も、鎌倉時代以降になると、変化を見せ始めました。

それは温泉に、健康の維持増進、さらには病気や怪我の治療という医学的な効用が重視されてきたからです。これは、一遍上人《いっぺんしょうにん》などの僧侶が一般民衆に対して施した施浴などによって入浴が一般化したことが大きく寄与したものと思われます。

鎌倉中期の別府温泉には、大友頼泰によって温泉奉行が置かれ、元寇の役の戦傷者が保養に来たとの記録が残されています。つまり、温泉が具体的な治療施設となったのです。さらに、戦国時代の武田信玄や上杉謙信は、とくに温泉の効能に目を付けていたと言われます。それは有名武将がそれぞれの温泉を隠し湯として保有していたことからもうかがえます。

●上杉謙信

♨江戸時代の温泉

温泉が完全に民衆化したのは江戸時代に入ってからでしょう。これには農民の習慣が大きく貢献したものと思われます。つまり、農閑期に農民が湯治に訪れるようになり、それらの湯治客を泊める宿泊施設の湯治場が温泉宿へと進化したのです。それにつれて湯治の形態も長期滞在型から一泊二日の短期型へ変化し、現在の入浴形態に近い形が出来たものと思われます。また、貝原益軒《かいばらえきけん》、後藤艮山《ごとうこんざん》、宇田川榕庵《うだがわようあん》らの医術者が温泉療法に関する著書を書くとともに、いろいろの版元が温泉図鑑といった案内図を刊行したことなどによって、温泉は一般庶民にも親しまれるようになりました。それに目を付けた各藩では湯役所を作り、湯奉行、湯別当などを置き、現在の入湯税に相当する湯税を徴収したと言います。

町民文化の花開いたこの時代には、庶民の年中行事として正月の湯、寒湯治、花湯治、秋湯治などの季節湯治が広まり、比較的決まった温泉地に毎年赴くという風習が生まれました。また、砂湯、打たせ湯、蒸し湯、合せ湯など、各温泉固有の入浴形態が生まれました。

♨近現代の温泉

明治時代に入って開発された上総掘りというボーリング技術は、それまで天然に湧出されるものに限られていた温泉の概念を変えました。火山地帯にボーリングすれば、かなりの確率で温泉が湧き上がるのです。これによって温泉源は全国に爆発的に増加しました。

さらに、第二次世界大戦以降の経済の発展によって総中産階級時代となり、多くの人々が温泉地域に、友達旅行、家族旅行、社員旅行などとして殺到しました。それを受け入れるために旅館はホテルと改名し、さらに、宿泊＋レジャーのリゾートホテルとなり、巨大化していったのです。

現在では、観光旅行客の目は国内から国外に広がり、国内の温泉より海外のリゾート施設に目が向くようになりました。国内温泉施設の中には、かつての賑わいを懐かしむところもあるようですが、根が温泉好きの日本人が温泉を忘れるはずはありません。末永く温泉は親しまれ続けることでしょう。

SECTION 02

世界の温泉の歴史

温泉は日本にだけあるわけではありません。火山のある国だったら、どこにだって温泉はありますし、火山が無くても地殻の下には灼熱のマントルがあります。そこに浸み込んだ海水が温められれば温泉になります。つまり、温泉は世界中に湧き出す可能性があるのです。

♨ローマの温泉

世界史に登場した温泉のもっとも古いものは、紀元前５００年頃にギリシャで硫黄泉に入浴していたという記録があります。硫黄泉ですから、例のゆで卵のような硫化水素H_2Sの匂いが強かったことでしょう。

また、古代ローマ帝国を築いたローマ人は入浴好きであり、遠征したヨーロッパ各地で温泉を開発し、傷病者に温泉療法を広めたと言われています。また、ローマ本国には有名なカラカラ大浴場をつくりましたが、その広さは12万平方メートルの面積に温水プールと浴室の他、遊歩ホールやスポーツ施設、そして読書室が配されていたと言われます。現代のリゾート温泉施設に匹敵するものです。

ヨーロッパの温泉

ヨーロッパには、イタリアからギリシャ、トルコにかけて地中海火山帯が延びており、ベスビオ、エトナなどの有名な火山があります。そのため、多くの高

●カラカラ大浴場

温泉がありますが、その一方、活火山が見られないドイツ、フランス、ロシアなどにも温泉があります。これはマントル由来の熱による温泉と考えられます。しかし、温泉地の数は日本に比べて少ないです。

ヨーロッパの温泉の中には、古代ローマ帝国時代に開発されたものもあるなど、長い歴史を誇っています。また、それぞれの温泉地の特徴が昔から研究されており、適応症、入浴方法などが、はっきりと定められ、慢性疾患の治療に利用されています。このように医療目的が鮮明に打ち出されているのもローマの疾病治療という伝統が生きているからなのでしょう。

西ヨーロッパでは、地下から湧き出る水を聖水として神の奇跡の現れと考える信仰がありました。そのため、聖地に湧き出る鉱泉水や温泉水は、巡礼者によって心身を癒す飲料水として大切にされ、また沐浴に用いられました。

♨ 各地の温泉

温泉を神聖視する習慣はインドにもあり、釈迦が入浴したと伝えられる温泉が現存しています。ガンジス川と同じように、インドの温泉は沐浴して心身を清める所とされています。

中国でも温泉は神聖視されました。秦の始皇帝と楊貴妃のロマンスで有名な華清池の温泉は神女が湧出させたものと言われます。しかし中国で温泉が神聖視された主な理由は、温泉が持つ病気を治す力によるものでした。その意味では現生利益的な意味が強いといえるかもしれません。

アメリカにも火山はあり、多くの温泉がありますが、癒しのために温泉に浸かるという文化は育たなかったようです。多くの温泉施設は医療目的に特化しており、温泉を訪れる人は疾患を持った高齢者が多く、若者が温泉に行くということは、ほとんど無いようです。

アメリカ人の多くは一度も温泉に入ったことが無いのではないでしょうか。そのため、日本に来て温泉や銭湯に入ると異文化が肌を通して伝わり、新鮮な感動を覚えるのでしょう。

SECTION 03

温泉の定義

温泉には癒しがあり、健康に良く、多くの方々に愛されるということを紹介しましたが、それでは温泉とは、いったいどのような場所、どのようなお湯のことを言うのでしょうか。

火山の近くで熱いお湯が沸き出し、「秘密を共有する愛好家」だけの間で知られている所はありますし、山の中腹から地下水が湧き出ている所は多くあります。そうでなくても、多少本腰を入れてボーリングすれば地下水が湧き出る所は日本中にたくさんあります。そんなことをしなくとも、川の水、それを浄化した水道水を温めれば、まるで「温泉」のようになります。しかも、「お湯」と「水」は温度の違いだけであり、他に有意の違いはありません。

それでは、これらの「水」は全て温泉と言ってよいのでしょうか? それとも、ある水は温泉であり、他の水は温泉ではないというような違いがあるのでしょうか?

温泉とはどのような場所、お湯のことを言うのでしょうか?

♨温泉法

どのような「もの」に温泉という名前を付けてよいのかという問いには明確な答えがあります。とはいうものの、この答えは科学的なものではなく、政治、行政的な答えです。昭和23年(1968年)「温泉法」という法律が制定され、そこに温泉の定義が明確に記されています。それによれば、温泉とは次の3つの条件のうち、「どれか1つを満たせばよい」となっているのです。言ってみれば非常に緩い条件です。

① 泉源から採取された時の水の温度が25℃以上であること

② 湧出水1㎏に含まれる物質の量(ガス性のものを除く)が1000㎎(1g)以上であること

③ 湧出水1㎏に含まれる物質の量が表(図参照)に示した値を満たすこと

●温泉の定義の表

1　温度(温泉源から採取されるときの温度)　　25℃以上
2　温泉水1kg中に溶けている物質の量
　下記のうちいずれか1つ満たせばよい

物質の総量(ガス性のものを除く)	1000mg以上
1　遊離炭酸(CO_2)	250mg以上
2　リチウムイオン(Li^+)	1mg以上
3　ストロンチウムイオン(Sr^{2+})	10mg以上
4　バリウムイオン(Ba^{2+})	5mg以上
5　鉄(Ⅱ)イオンまたは 鉄(Ⅲ)イオン(Fe^{2+}、Fe^{3+})	10mg以上
6　マンガン(Ⅱ)イオン(Mn^{2+})	10mg以上
7　水素イオン(H^+)	1mg以上
8　臭化物イオン(Br^-)	5mg以上
9　ヨウ化物イオン(I^-)	1mg以上
10　フッ化物イオン(F^-)	2mg以上
11　ヒドロヒ酸イオン($HAsO_4^{2-}$)	1.3mg以上
12　メタ亜ヒ酸($HAsO_2$)	1mg以上
13　総硫黄(S)[$H_2S+HS^-+S_2O_3^{2-}$]	1mg以上
14　メタホウ酸(HBO_2)	5mg以上
15　メタケイ酸(H_2SiO_3)	50mg以上
16　炭酸水素ナトリウム($NaHCO_3$)	340mg以上
17　ラドン(Rn)	20(100億分の1 キュリー単位*)以上
18　ラジウム塩(Ra)	1億分の1mg以上

*「キュリー」は放射能の単位。

1キュリーは1秒間に3.7×10^{10}個の原子崩壊を起こす放射性物質の量。

♨温泉の温度

先ほどの条件①を見て、温泉が温かい水のことなんて当たり前と思った方は、早とちりとしか言いようがありません。①は3つある条件のうちの1つに過ぎないのです。そして、温泉に「なるため」には、3つの条件のうち、どれか「1つだけ」を満たせばよいのです。

つまり、①の条件は必ずしも満たす必要は無いのです。簡単に言えば、温かくなくても温泉になるのです。法律的に温泉として認められるためなら、熱い必要など全くなく、例え氷のように冷たくても構いはしないのです。

大分県九重にある「寒の地獄」は冷鉱泉に分類される温泉ということになるのです。ビルの建築工事で地下水が湧き出ることは、いくらでもあるでしょうが、それらだって、「温泉になる資格」は充分にあるのです。例え①の条件では失格となっても、②、③の条件を満たせばよいのです。

♨温泉の不揮発成分

地面に穴を掘って水が出てきたとしても、その水をいきなり手ですくって飲む人は少ないでしょう。普通の人は、バイキンや有害物が含まれていないかと思って、飲むのを躊躇するはずです。

それは賢明ですし、当たり前のことです。条件の②は、地下水に含まれる不純物の総重量のことを言います。とは言うものの、条件に付記してあるように、揮発性のもの（気体、ガス）を除きます。

早い話、地下水1kg（約1L）を蒸発乾固して、残った物質の量が1000mg（1g）以上あれば温泉と認められるのです。温泉水の中に粘土や砂が混じっていたら、この条件は、いとも簡単に満足させられそうですが、そうはいきません。「溶けている」というのは化学的な表現であり、「混じっている」とは違います。粘土や砂が水に溶けることはありません。混じるだけです。テンプラの衣となる小麦粉も水に溶けるのではなく、水に混じっているのです。

♨温泉の各個成分

①や②の条件を満足できなかったとしても、悲観することはありません。③のお助け条件が待っています。つまり、表に示した18の成分の内、たった1つでも規定以上の濃度で含まれていれば温泉として認められるのです。

SECTION 04

温泉と医療

日本人が温泉を愛する理由には2つあります。1つはレジャー、レクリエーションとしての癒し、もう1つは健康の維持増進、疾患の治療という医療効果です。現在では、癒しを求める方が強いのではないでしょうか。しかし、世界的な温泉の評価は健康、治療に貢献する医療的な効果の方のようです。

温泉を利用して、心と体の健康を増進しようという考え方は古くから世界中であったものですが、ここ数年は、温泉の効果をもっと科学的に考えて、健康のために積極的に取り入れようという動きが活発になってきました。その健康づくりを総称して、温泉療養と呼んでいます。

今回は最初に、そもそも温泉とは、どうして心と体に良いのかという素朴な疑問を解決していきましょう。

♨温泉の治療効果

温泉の医療効果には1、2日間の滞在で疲労やストレスを取り除く「休養」の機能、1週間程度の長期間の滞在によって健康の維持と増進をはかる「保養」の機能、そして温泉病院などで医師が慢性疾患に対処する「医療」の機能があります。温泉の持つ医療効果は具体的には次のことによってもたらされるものと思われます。

❶浮力・水圧・温度による効果

お湯に入ることによって生じる物理的な効果として「浮力」、「圧力」、「温度」があります。まず、水中で感じる体重は浮力によって1/9近くになります。このため全身を支えていた筋肉の緊張がほぐれます。また、水圧がかかることによるマッサージ効果によって血行が良くなります。

温度の効果は、温度によって異なります。ぬるめのお湯は副交感神経を優位にしてリラックスを誘います。一方、熱めのお湯は交感神経を優位にして心と体を目覚めに導く効果があります。どちらが自分に合っているかを、利用者が自由に選べるというのも温泉の良いところでしょう。

❷ 成分による効果

先の温泉の定義の表に見るように、温泉にはその地域や源泉によって、各種の成分、すなわち化学物質が含まれます。化学物質は、多ければ公害等の害を生じることがありますが、適当な量ならば晩酌のアルコールのように、百薬の長と言われるほどの利益を生むものもあります。

また、温泉によってはラジウム泉のように、放射線を含み、一見、危険なように思われる温泉もあります。しかし、放射線ホメオスタシスという説もあり、それによれば、一時的に浴びる多量の放射線は有害であるが、長期間によって少量を浴び続ける放射線は健康に役立つとの説もあります。ただし、晩酌と同じように、この説にも医学的な証明はありませんので、効果を確認するのは自己責任ということになるようです。

❸ 転地による効果

温泉に欠かせない効果は、癒し効果です。これは日本人が一番よく知っていることです。つまり、健康な一般人には縁が無いかもしれませんが、条件に恵まれた人々にとっては大きな効果があると思われる療法です。条件に恵まれた人というのは、昔なら貴族階級、近代なら温泉地に別荘を持てる程度の資産家(ブルジョア)階級などです。

温泉地のような、普段とはまったく違った環境に建てられた施設に身を置くことは、心身をそれまでの日常的なストレスから解き放ち、魂を解放します。たっぷりと湯の張った温泉に入り、木々の香りや潮の香を感じ、風景を愛でて美味しいお料理を食べて寛ぐことに、悪いことなどあるはずがありません。

SECTION 05

温泉と観光

日本において「温泉」という言葉は、単に「地下から湧き出るお湯」を意味するものではありません。そのお湯が湧き出る景色、その地域に連なる土産物店街、旅館の女将、中居さんの接待、贅を尽くした料理、それら全体を指します。

日常を離れた奥深い山の風景、奇岩絶壁に包まれた海岸の風景、それら全ては「温泉」という言葉の中に含まれた暗黙の了解なのです。日本人にとって「温泉に行く」という言葉は、単にお湯の湧く地に行くのではなく、そのお湯の湧く地を囲む景色、風情を楽しみに行くと言うことを意味するのです。

♨ 山の温泉

日本においては、温泉は海、山、街、あらゆるところに存在します。山の温泉としてよく知られたのは箱根温泉ではないでしょうか。箱根温泉は箱根山にあり、その景色の良さは明治時代の中学唱歌「箱根八里」に余すところなく謳われています。その絶唱を紹介しましょう。

箱根の山は、天下の嶮《けん》
函谷關《かんこくかん》もものならず
萬丈《ばんじょう》の山、千仞《せんじん》の谷
前に聳《そび》え、後方《しりへ》にささふ
雲は山を巡り、霧は谷を閉ざす
昼猶闇《ひるなほくら》き杉の並木
羊腸《ようちょう》の小徑《しょうけい》は苔《こけ》滑らか
一夫關に当たるや、萬夫も開くなし
天下に旅する剛氣の武士《もののふ》

●箱根

大刀腰に足駄がけ
八里の碞根《いはね》踏みならす、
かくこそありしか、往時の武士《もののふ》

文語調なので、現代では通用しにくいかもしれませんが、雰囲気はわかるのではないでしょうか。ちなみに「函谷関」（中国の三国志にも謳われる難攻の渓谷）、「羊腸の小徑」（羊の腸のように曲がりくねった路）、「一夫關に当たるや、萬夫も開くなし」（一兵が函谷関を護れば、万人の兵が攻めても破ることは出来ない）というような意味です。まさしく奇岩奇石の絶景と温泉が醸し出す箱根温泉の風情が伝わってきて、箱根温泉に行ってみたくなるのではないでしょうか。

海の温泉

山の温泉の紹介に明治の歌を出したのならば、海の温泉にも明治の匂いを出さなければならないでしょう。うってつけは尾崎紅葉の「金色夜叉」です。少々長いですので、大切な所だけ抜き出しましょう。舞台は熱海温泉の海岸松原です。

熱海の海岸　散歩する　貫一お宮の　二人連れ
共に歩むも　今日限り　共に語るも　今日限り〜
宮さん必ず　来年の　今月今夜　この月は
僕の涙で　くもらして　見せる〜
ダイヤモンドに　目がくれて　乗ってはならぬ　玉の輿《こし》
恋に破れし　貫一は　すがるお宮を　つきはなし〜

学生寛一と芸者お宮の恋は、はかなくも破れるのです。しかし、お宮がお金を欲しかったのは寛一の学費に充てるためだったとは…ということで明治時代の善男善女は紅涙(女性の涙。男の涙に特別の名前は無いようです)を絞ったのでした。

熱海温泉というと、年配の方々は今でもマントを着た学生寛一が和服のお宮を足蹴にする光景が浮かんでくるのではないでしょうか。これも観光と言えば観光でしょう。

♨ 都会の温泉

先の2つを歌で紹介したのですから、これも歌でいくべきでしょうが、残念ながら、明治、大正にそのような歌は見つかりません。温泉が完全に大衆化された昭和、平成にもピッタリの歌はありませんが、次の歌が雰囲気を伝えてくれるのではないでしょうか？

ババンバ バンバンバン ア ビバノンノン ババンバ バンバンバン ア ビババビババ バ
バンバ バンバンバン ア ビバノンノン ババンバ バンバンバン アー ビバノンノン)
いい湯だな(ハハハン) いい湯だな(ハハハン) 湯気が天井から ポタリと背中に つめ
てエな(ハハハン)～

あくまで明るく、屈託なく、楽しく家庭的で健康な現代の温泉事情がよく伝わってきます。現代では観光は観光、温泉は温泉と分けられているのかもしれません。現代の温泉に求められているのは観光よりも家族的なレジャーなのかもしれません。

日本には湯治の文化があったことから、温泉地には古くから宿が多数存在しました。しかし、江戸時代までは、宿が独自に内湯を持つことは無く、外湯である共同浴場へ通うのが一般的でした。

ところが明治に入ると人力のみで500m以上の掘削ができる「上総掘り」の技術が発達し、各宿が自前の内風呂を持つことができるようになり、内湯を持つ宿の集合体としての温泉街が形成されるようになりました。

今日では、それまでは温泉地帯で無かった観光地でも源泉を開発するケースが増えています。つまり、従来温泉が無かった地域でもボーリング技術によって地下1000m以上掘削すれば温泉源を手に入れることができるのです。

その結果、それまでの単なる観光旅館、あるいは料亭旅館、釣り宿などから「変身」した温泉宿も多くなってきました。都会の駅前にある「○○温泉」などというのがその様な温泉です。中にはパチンコ屋さんの二階が温泉施設というようなものまであります。景色を観光して温泉に入るのではなく、パチンコ疲れを癒すために入る温泉です。

Chapter.2
温泉の種類

SECTION 06

温度による分類

日本には温泉地と言われる場所が3000カ所以上あり、そこに温泉施設が総計2万カ所以上あると言われます。源泉に至っては2万7000カ所以上と、日本全国いたるところに温泉があると言ってもよい状態です。

ところが、これだけある温泉が、ある温泉は美人になる、ある温泉は内科疾患に良い、ある温泉は外科疾患に良い、などと各温泉が互いに個性ある泉質を謳い文句にしています。温泉の違いはどこにあるのでしょうか?

源泉の温度

温泉は、つまり「温かい泉」とは書くものの、温泉法によれば、温かい温泉だけではありません。冷たい温泉もあります。

地下から湧きだす泉、つまり鉱泉の湧出時、または採取時の温度を泉温と言い、鉱泉は泉温によって次のように分類されます。このうち、低温泉・温泉・高温泉をまとめて温泉とすることがあります。

♨実際の温泉

冷鉱泉としてよく知られているのは大分県九重にある「寒の地獄」でしょう。泉温が13〜14℃といいますから、夏に入るにしても冷たい感じです。発見されたいきさつは傷ついた動物が泉に入ることを目撃したことといいます。地元では美肌効果があるとされています。温泉施設では、冷たいままの浴槽もあるほか、加温して普通のお湯の温度の浴槽も用意しているそうです。温かいお湯のいわゆる温泉は全国いたるところにあります。温度の低い温泉は加温していることもあるようです。

●鉱泉の泉温

① 冷鉱泉 …… 泉温25℃未満
② 低温泉 …… 泉温25℃以上34℃未満
③ 温泉 ……… 泉温34℃以上42℃未満
④ 高温泉 …… 泉温42℃以上

SECTION 07

液性による分類

温泉でよく聞くのは酸性泉と塩基性泉(アルカリ性泉)です。そもそも、酸性、塩基性(アルカリ性)とは何のことでしょう?

酸・塩基

物質の中には酸と塩基があります。よく知られた酸には食酢に含まれる酢酸、炭酸飲料に含まれる炭酸、梅干しやレモンに含まれるクエン酸、トイレ洗剤に含まれる塩酸、工業原料として重要な硫酸などがあります。酢酸、炭酸、クエン酸などは弱い酸なので弱酸、それに対して塩酸、硫酸などは強い酸なので強酸と呼ばれます。塩基として知られるのは石鹸、灰汁、消石灰、水酸化ナトリウムなどです。

酸というのは、水に溶けて水素イオンH^+を出すもののことを言います。また、塩基というのは水に溶けて水酸化物イオンOH^-を出すもののことを言います。アルカリというのは塩基の一種と考えてよいでしょうが、化学的には、現在はアルカリという用語ではなく、塩基という用語に統一されています。

酸をAH、塩基をBOHとすると、それぞれは水に溶けると次のように分解(電離)してH^+、OH^-を発生します。ただし、この反応は必ずしも１００％進行するものではありません。１００％近く進行するものをそれぞれ強酸、強塩基と言い、あまり進行しない物を弱酸、弱塩基と言います。

従って同じ濃度の強酸と弱酸の水溶液では、強酸水溶液の方がH^+濃度は高いことになります。

酸性・塩基性

酸や塩基が溶けた水溶液中にあるH^+の濃度のことを言います。H^+

●酸と塩基の反応

酸 ……… $AH \rightarrow A^- + H^+$

塩基 …… $BOH \rightarrow B^+ + OH^-$

がOH^-より多ければ酸性、OH^-がH^+より多ければ塩基性ということになります。

水の電離

水はごくわずかですが次のように分解してH^+とOH^-を出しています。ただしH^+の濃度$[H^+]$とOH^-の濃度$[OH^-]$の積は温度が一定ならば常に一定であり、水のイオン積Wになっています。

この式を見ると、どんなにH^+が多くても、少量のOH^-は存在していることがわかります。また、H^+の濃度$[H^+]$がわかればOH^-の濃度$[OH^-]$はわかることになります。

中性の水は$[H^+]$と$[OH^-]$は等しいですから、その濃度は$\sqrt{W}$となります。これは数字で表すと10^{-7}(mol/L)となることが実験で明らかになっています。

●水のイオン積

$$[H^+]\,[OH^-] = W$$

●pH

$$pH = -\log\,[H^+]$$

♨ pH

そこで、溶液中のH^+の濃度を計ることによって、溶液が酸性か塩基性を表すことに約束しました。つまり、先の図のように決めたのです。このようにすると中性の水はpH=7となります。pHで気を付けなければならないのは、数式が対数(log)であり、式の前に－(マイナス)が着いていることです。このため、次のようなことが起こります。

① pHの数値が1違うと濃度は10倍違う

② pHの数値が7より小さければ酸性、7より大きければ塩基性

身のまわりの物質のpHを下図に示しました。

●身のまわりの物質のpH

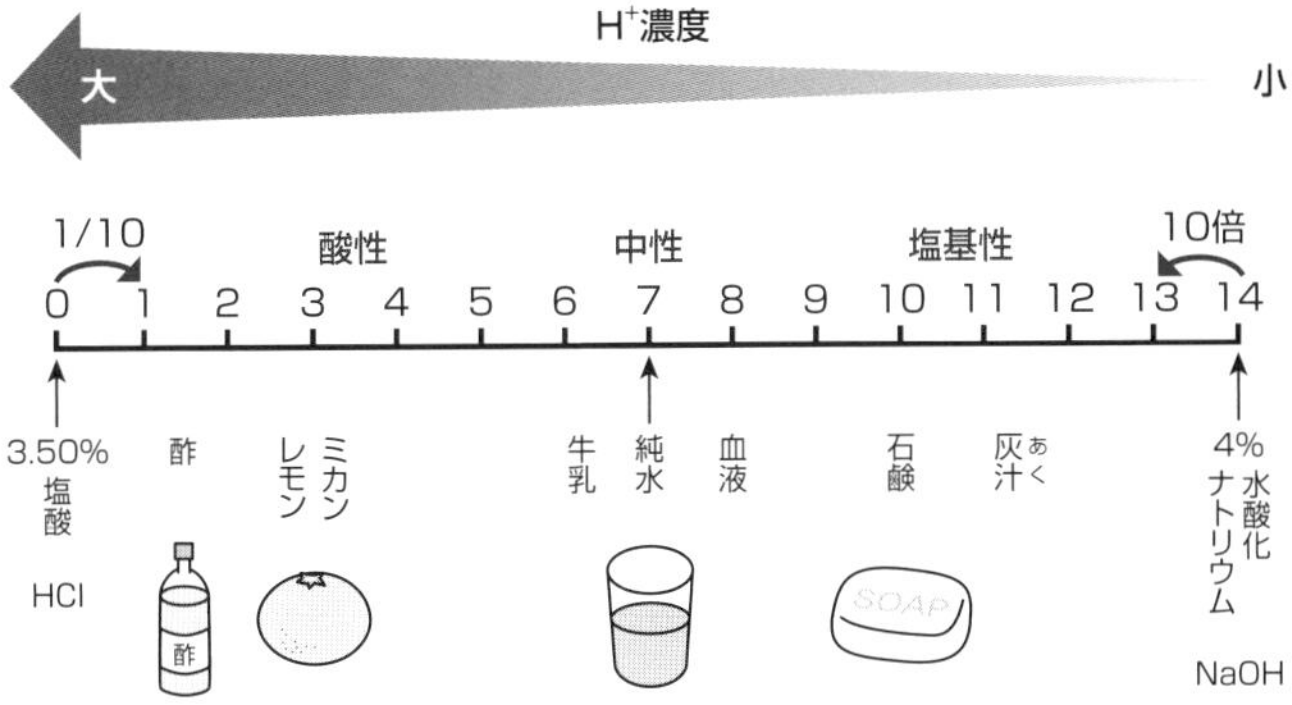

♨酸性温泉とアルカリ性（塩基性）温泉

源泉のｐＨ値により次のように分類されます。

①酸性………………ｐＨ３未満
②弱酸性……………ｐＨ３以上６未満
③中性………………ｐＨ６以上７・５未満
④弱アルカリ性……ｐＨ７・５以上８・５未満
⑤アルカリ性………ｐＨ８・５以上

一般に酸性温泉には強力な殺菌効果が期待されます。また肌の古い角質を溶かすピーリング効果によって肌が一皮むけてツルツルになるといいます。強酸性の温泉は長く入ると肌がヒリヒリと痛くなります。長湯をせず、出た後はシャワーで流すことが大切です。

一方、アルカリ性温泉では皮膚の角質が溶けて、石鹸をいじった後のように、肌がヌルヌルしっとりすることから、肌美人になると言われます。ただし長く入りすぎると、肌の脂が抜ける可能性もあります。酸性、塩基性どちらにしても、実際に入った方の自己判断と自己責任ということになります。

強酸性温泉

酸性の強い温泉としては次の温泉が知られています。

- 秋田県玉川温泉……pH＝1.13
- 鹿児島県東温泉……pH＝1.2
- 山形県蔵王温泉……pH＝1.4
- 大分県塚原温泉……pH＝1.4

これらの温泉では、源泉のpHを保った浴槽の他、水で割って酸性度を弱めた浴槽も用意しています。このほかに露天で無料開放されている温泉ですが、群馬県の香草温泉、pH＝0・9～1・1もあります。

♨強アルカリ性温泉

アルカリ性の強い温泉としては次の温泉が有名です。

・長野県白馬八方温泉……pH＝11・5
・埼玉県都幾川温泉………pH＝11・3
・神奈川県飯山温泉………pH＝11・3
・岩手県新山温泉…………pH＝10・8
・山梨県天恵泉……………pH＝10・7

SECTION 08

溶液成分の総量による分類

温泉にはさまざまな成分が含まれています。これらの成分のうち、気体を除いた成分の量による分類です。これには次の3種類があります。

♨分類

❶低張性

溶存物質総量 8g/kg未満、凝固点 −0.55℃以上

❷等張性

溶存物質総量 8以上10g/kg未満、凝固点 −0.55未満、−0.58℃以上

❸ 高張性

溶存物質総量 10 g/kg以上、凝固点 −0.58℃未満

凝固点というのは融点の事で、水が凍って氷になる温度です。純粋な水(純水)ならば0℃になるところです。ところが、海水やジュースが0℃で凍らないように、不純物の混じった水の融点は低くなります。これを凝固点降下と言います。この例で、溶存物質総量が多くなるにつれて凝固点が低くなっているのはそのためです。

張性の意味

この区分は化学的にいうと浸透圧に基づいた分類です。低張、高張などというのは浸透圧を意識した用語です。浸透圧というのは漬物の原理です。「青菜に塩」というように、青菜に塩を振ると、青菜は水分を失ってしんなりとなります。

これは青菜の細胞膜を隔てて、濃度の低い細胞液と濃度の高い塩水が存在すると、濃度の高い方の水が濃度の低い方へ移動すると言う現象です。代わりに濃度の低い方

には塩水が入ってきます。このようにして漬物ができます。

人間が溶液（温泉）に浸かっても同じ現象が起きます。温泉の濃度が高ければ、体内の水分は速く出ていきます。反対に温泉の成分は速く体内に浸みこみます。つまり、高張性の温泉の方が、効き目が速いと言うことができるでしょう。

♨高張性の温泉

高張性温泉は、古代の湯、化石海水などと呼ばれることもあります。つまり、火山が関与せず、プレート移動に伴って移行した古代の海水などが何千年という時間を経て濃縮された温泉ということであり、特徴としては塩分濃度が濃いことがあげられます。

地下において随時、新しい水が供給されている火山性の温泉とは違い、新たに水が追加されることは、ほとんどありません。そのため、石油などと同じように資源量に限りがあります。無制限に採掘し、汲み上げ続けると、将来、枯渇する恐れもあります。貴重な温泉資源を護るため、何らかの対策が必要なのかもしれません。

SECTION 09

成分による分類

温泉は、含まれている化学成分や、温度、液性（ｐＨ）、色、匂い、味、肌触りなど、さまざまな特徴があります。温泉の泉質は、温泉に含まれている化学成分の種類とその含有量によって決められ、次のように10種類に分類することができます。

❶ 単純温泉

温泉水１kg中の溶存物質量（ガス性のものを除く）が１０００ｍｇ未満で、湧出時の泉温が25℃以上のものです。このうちｐＨ８．５以上のものを「アルカリ性単純温泉」と呼んでいます。癖がなく肌への刺激が少ないのが特徴で、アルカリ性単純温泉は、入浴すると肌がすべすべする感触があるのが特徴です。

❷ 塩化物泉

温泉水1kg中に溶存物質量（ガス性のものを除く）が1000mg以上あり、陰イオンの主成分が塩化物イオンCl^-のものです。イオンには＋の陽イオンと－の陰イオンがあり、どちらか一方だけが存在することはありません。温泉の場合にも、Cl^-に対応する陽イオンの主成分により、ナトリウム塩化物（$NaCl$、塩化ナトリウム（食塩））泉、カルシウム塩化物（$CaCl_2$、塩化カルシウム）泉、マグネシウム塩化物（$MgCl_2$、塩化マグネシウム（ニガリ））泉などに分類されます。日本では比較的多い泉質です。塩分が主成分となっているので、飲むと塩辛く、マグネシウムが多い場合は苦く感じられます。

❸ 炭酸水素塩泉

温泉水1kg中の溶存物質量（ガス性のものを除く）が1000mg以上あり、陰イオンの主成分が炭酸水素イオンHCO_3^-のものです。陽イオンの主成分により、ナトリウム炭酸水素ナトリウム（重曹）泉、炭酸水素カルシウム泉、炭酸水素マグネシウム泉などに分類されます。炭酸水素カルシウム泉からは、石灰質の沈殿物が析出することがあります。

❹ 硫酸塩泉

温泉水1kg中に溶存物質量（ガス性のものを除く）が1000mg以上あり、陰イオンの主成分が硫酸イオンSO_4^{2-}のものです。陽イオンの主成分により、硫酸ナトリウム（芒硝）泉、硫酸カルシウム泉、硫酸マグネシウム泉などに分類されます。

❺ 二酸化炭素泉

温泉水1kg中に遊離炭酸ガス（二酸化炭素）が1000mg以上含まれているものです。入浴すると全身に炭酸ガスの泡が付着して爽快感があります。要するに炭酸飲料の温泉です。

❻ 含鉄泉

温泉水1kg中に総鉄イオン（鉄ⅡFe^{2+}または鉄ⅢFe^{3+}）が20mg以上含まれているものです。陰イオンによって炭酸水素塩型と硫酸塩型に分類されます。温泉が湧出して空気に触れると、鉄の酸化が進み赤褐色になります。

❼ 酸性泉

温泉水1kg中に水素イオンが1mg以上含まれているものです。口にすると酸味があり、殺菌効果もあります。ヨーロッパ諸国では、ほとんど見られない泉質ですが、日本では各地でみることができます。

❽ 含ヨウ素泉

温泉水1kg中によう化物イオンI^-を10mg以上含有するものです。非火山性の温泉に多く、時間がたつと黄色く変色します。

❾ 硫黄泉

温泉水1kg中に総硫黄が2mg以上含まれているものです。硫黄S型と硫化水素H_2S型に分類され、日本では比較的多い泉質です。タマゴの腐敗臭に似た特有の臭いは、硫化水素によるものです。

❿ 放射能泉

これはいろいろと問題がありますので、次の項目として取り上げることにします。

SECTION 10

放射能泉

放射能泉の定義は次のようなものです。つまり、温泉水1kg中にラドンが111ベクレル以上含まれているものということです。

放射能に関しては、第6章の「地球の熱源」（149ページ）で詳しく解説しますが、生体に影響を与えるのは放射能ではなく放射線ですから、本来は放射線泉とか放射性泉とか言うべきものでしょう。

原子核崩壊

放射能泉は、一般的にラジウム泉、ラドン泉などと言われることもあります。それはこれらの元素が原子核崩壊という原子核反応を通じて親子関係にあるからです。原子炉の燃料や原子爆弾の原料がウランUであることから、放射能と言うとウランを思い出す方が多いのではないかと思いますが、このウランが一番のご先祖様です。

ウランがα線を出してα崩壊をするとトリウムThとなります。これがα崩壊をするとラジウムRaとなり、ラジウムがα崩壊をするとラドンRnになるのです。

ラドン

ラドンは希ガス元素と言われる種類で、反応性が乏しく、分子になることはありません。無色無臭の気体で空気の7倍ほども重く、水に溶けやすい性質を持ちます。一連の元素のうち、ラドン以外は全て金属元素で固体です。

地中にウラン鉱石があるとウランが一連の原子核崩壊によって発熱します。その近くにある地下水がこの熱によって加熱され、比重が小さくなって地表に浸みだして温泉になるのでしょう。そして、その時にウランから生じたラドンが温泉水に溶け出したのが放射能泉というわけです。

ラドンはさらにα崩壊をしてポロニウムPo、鉛、ビスマスBiなどに変化していきます。つまりラドンは放射能を持ち、α線という放射線を放出する放射性元素なのです。

ラドンは重い気体なので、地下室などに溜まりやすい性質があります。放射線による自然被爆量の半分はラドンによるものと言われています。

♨放射線量

放射線には量があります。少量の放射線なら浴びても問題は無いでしょうが、大量の放射線を浴びたら命がありません。ところが、新聞などに出る放射線の量にはいろいろの種類があります。

❶ベクレル

放射能泉の定義にも使われている単位です。これは放射線の個数による単位です。つまり、1秒間に1個の放射線が出る強度を1ベクレルと言います。1秒間に10個出たら10ベクトルです。10秒間に10個出ても1ベクレルです。放射線の種類は何でも構いません。

❷ グレイ

生体に吸収された放射線のエネルギー量を表す単位です。1ジュール/kgを1グレイとします。これも放射線の種類は問いません。

❸ シーベルト

同じエネルギーの放射線でも生体に与えるダメージには違いがあります。α線は、β線やγ線の20倍も強いダメージを与えます。中性子線はエネルギーによって差はありますが、およそ10倍です。シーベルトは放射線の種類と、それが持つエネルギー（グレイ）を勘案して、人体に与えるダメージを割り出した単位です。そのため、放射線の影響を見る場合に最もよく使われます。

しかし、1シーベルトでは強すぎるので普通は、その1000分の1のミリシーベルト、さらにまたその1000分の1（1シーベルトの100万分の1）のマイクロシーベルトが使われます。

♨ 放射線の害

人間がどれだけ（何シーベルト）の放射線を浴びたらどのような状態になるかは、実験するわけにはいきませんし、事故などの症例も多くないことから、詳しいことはわかりません。しかし、一般的に次のように言われています。

それによれば、100ミリシーベルト以下なら、ほとんど問題ないとされます。これは毎時1ミリシーベルトの放射線が照射される環境だったら4日間（100時間）いても問題無いと言うことです。しかし、150ミリシーベルトを超えると影響が出るそうです。

♨ 温泉と放射線

放射能温泉、あるいはラジウム温泉と言われる温泉はたくさんあります。そのような温泉の放射線量はどれくらいなのでしょうか。いくつかの温泉の例を次に示します。

・秋田県玉川温泉（岩盤）
1～15マイクロシーベルト/時間
・秋田県玉川温泉（浴室）
0・3～0・5マイクロシーベルト/時間
・新潟県村杉温泉
0・2～0・5マイクロシーベルト/時間
・鳥取県三朝温泉
0・15マイクロシーベルト/時間

例えば0・5マイクロシーベルトの温泉に浸かって、体に影響が出るかもしれない150ミリシーベルトに達しようとすると、300万時間、342年間もお湯に浸かっていないといけないことになります。

それはともかく、福島の原子炉事故以来、誰

●秋田県玉川温泉

しも放射線には敏感になっています。放射能温泉に入って大丈夫なのかと気になるところです。それに対しては、この試算の他に、放射線ホルミシスという説があります。これは「一度に大量の放射線を浴びれば危険だが、長時間にわたって少量の放射線を浴びるのは健康に良い」と言うものです。晩酌の言い訳のような説ですが、晩酌を頭から否定する人は少ないようですから、この説も当たっているのかもしれません。ただし、医学的に証明されているわけではありませんから、実行するのは自己責任ということになります。

Chapter.3
温泉の効果

SECTION 11

温泉と医療

温泉に入って、あるいは温泉施設に逗留して外傷や疾病を治療しようという医療を一般に温泉療法と言います。これは温泉に入浴する、あるいは温泉水を飲用、吸入することなどによって体調をととのえ、外傷、疾病などを治療する行為を言います。このような行為は何百年も昔から、伝統的、慣習的、あるいは宗教、呪術的な知識を綯い混ぜて行われた行為ですが、現代では医学的見解に基づいた医療行為の1つとして確立されています。

このような医療行為を法に基づいて行う医師は温泉療法医・温泉療法専門医とされていますが、このような資格の認定は日本温泉気候物理医学会が行うことになっています。

温泉療法に適している温泉として療養温泉、湯治向け温泉、保養温泉があげられますが、これ以外の一般的な温泉でも泉質が良いものであれば、一定の効能、効果は得られるものと思われます。

♨温泉療法の歴史

温泉によって治療を期待することを温泉療法と言います。温泉療法の歴史は非常に古く、医学、医術が未発達で、薬草や薬石に治療を委ねていた頃には、温泉に浸かると言うことは大きな医療行為だったものと思われます。

❶古代・中世

古代では日本神話にまつわる神様と温泉地開拓は密接に関係し、先に見たように少彦名命や大国主命などが登場してくることになります。

しかし仏教文化が伝来すると、それに平行して医療や医術に関する知識も流入してきました。仏教では入浴は病を退けて福を招来するものとされました。そのため、僧が湯治場を設けたり、あるいは温泉地を開拓したりしました。その結果、一般民衆の間に温泉信仰が根付くようになったと思われます。

鎌倉時代以降になると、温泉は医療に関する実利的なものとみなされるようになりました。鎌倉中期の別府温泉には温泉奉行が置かれ、元寇の役の戦傷者が保養に来た記録が残っています。

戦国時代になると多くの武将が温泉の効能に着目しましたが、中でも武田信玄は自身が結核の罹患者でもあり、そのために自らの病気を治療する目的で、温泉に足繁く通いました。同時に、配下の武将の外傷、疾病の治療にも温泉療法をすすめていたといいます。

●武田信玄

❷ 近世

江戸時代に制定された参勤交代制度は、日本全国の風習風土を全国に広めると言う意味で画期的な役割を果たしました。それまでは地元の住人しか利用されなかった温泉が、街道を往来する人々によって流布され、さまざまな温泉地が目覚ましい発展を遂げました。

各地の温泉が歴史や効能を謳い文句とし、藩主が藩湯として温泉地を占有する一方、庶民のために温泉による湯治場を開いて入湯税を徴収するような動きも出てきました。

この頃になると医学的に温泉療法を解析した者も現れ、中でも儒学者、本草学者でもあった貝原益軒は「益軒養生訓」において温泉に多くのページを割いています。他にも江戸の名医と言われた後藤艮山、シーボルトと親交があった宇田川榕菴などが温泉研究に貢献しています。

❸ 近代

明治時代になると、温泉は大きな転機を迎えます。それは西洋医学の流入です。当時の西洋医学のあまりに排他的な観点から、温泉療法も意味の無い民間療法、あるいは非科学的なものとみなされてしまい、一時的に発展が閉ざされました。

その一方で、各温泉では温泉成分の解析が進み、温泉は医療効果の高いものであることが知られていきました。その結果を受けて別府温泉では、1912年に陸軍病院が開院し温泉療法の実践が始まりました。さらにキュリー夫人の功績によって放射性物質の研究が世界的に進歩を遂げると、鳥取県の三朝温泉の放射能泉が着目されることになりました。

❹ 現代

戦後に化学や地質学が発展すると、温泉療法が見直されることになりました。原子爆弾被爆者別府温泉療養研究所が開設されるなど、被爆者援護においても温泉療法の研究が行われました。

しかし最近、温泉は医療効果よりレジャー施設としてみなされることが多くなりました。その結果、レジャー、歓楽を主目的とする温泉と、療養、湯治のための温泉は一線を画すようになったようです。国でも、保養、湯治に向いている温泉を国民保養温泉、または国民保健温泉と指定するなど差別化を図る傾向があるようです。

しかし、このような差別化は難しいのが実情であり、両者の区別は無くなる方向に進んでいると言わざるを得ないようです。

温泉療法の方法

日本人ならば誰だってゆったりとお湯に浸かれば気持ちよく癒されるでしょう。それは水道水を温めた家庭のお風呂だって同じことです。それでは、わざわざ遠方まで出かけて行かなければならない温泉には、どのような特別の効果があるのでしょうか。温泉療法には大きく分けて、３つの作用があると考えられます。それは物理的作用、化学的作用、そして自律神経の正常化作用です

♨ 物理的作用

温泉の物理的作用とは、温泉に浸かることによって温泉水の水圧、浮力、熱などが体に作用することを指します。

人は湯に浸かることによって湯（水）の浮力を受け、体重の負担が軽減します。これ

は体に一定のマッサージ効果を与えることになります。この状態で呼吸を行うことは肺機能を強化することにもつながります。また、浮力によって、体が軽くなるので、筋肉や関節を動かすことが容易となり、関節機能のリハビリが容易になります。

一方、温泉の熱は体温を上昇させ、血行が促進しますが、これは多くの疾患に良い影響を与えます。また、人肌ぐらいの低温を利用すれば、リラックス効果を期待できますが、高温を利用すれば、一種の麻酔、刺激効果を得ることができることも知られています。

♨化学的作用

化学的作用とは温泉の各種化学成分が体内に作用することを指します。その成分は二酸化炭素、食塩、硫黄、放射性物質など各種ありますが、温泉法ではこれらの成分を表示することが義務づけられています。

これらの成分は人体に作用してそれなりの効果を与えることが期待されています。効能とされる症状としてはアトピー、痔疾、胃腸病、リウマチ、腰痛、神経痛、高血圧症、火傷などの外傷、骨折、精神疾患など、あらゆる症状が上げられています。しかし、単一温泉がこれらすべての疾患に効果があると言うことはありえない話であり、温泉によって得手不得手があるのは当然です。自分の要望に合った温泉を選ぶのも温泉旅行の楽しみのひとつと割り切ることも大切でしょう。

♨ 精神的作用

温泉入浴は自律神経を正常化する作用があると言われます。自律神経には人を興奮、昂揚させる交感神経と人を鎮静させる副交感神経がありますが、温泉は、とくに後者に強く働きかけると言われます。

これは、温泉による浮力によって筋肉が弛緩し、血行促進によって脳への負担が軽減することによるものと言われます。また遠方の温泉地に出向き、大自然や大浴場に包まれることによるストレスからの解放という心理的な作用も大きいものと考えられます。

温泉成分と医療効果

先に見たように、温泉はその成分によって10種類に大別することができます。それぞれの温泉がどのような治療効果を持つのか見てみましょう。

❶単純温泉

お湯に癖が無く、肌への刺激が少ないのが特徴です。つまり、特別の治療効果は無く、逆に言えば癒し効果によって全てに効く、つまり、精神的な落ち込み状態に良いと言うこともできるでしょう。アルカリ性単純泉は古い角質を溶かすため、肌がすべすべになるので美人の湯と宣伝されることもあります。

自律神経不安定症、不眠症、うつ病に効果があるとされます。

岐阜県・下呂温泉、長野県・鹿教湯《かけゆ》温泉などがよく知られています。

❷ 塩化物泉

塩化物イオンの殺菌作用が外傷に良いとされます。その他にイオンの刺激による皮膚や内臓の活性化が期待されます。末しょう循環障害、皮膚乾燥症などに良く、飲用すれば委縮性胃炎、便秘、冷え症、うつ病、に効くとされます。静岡県・熱海温泉、石川県・片山津温泉などが有名です。

❸ 炭酸水素塩泉

各種イオンによる殺菌効果や刺激効果が期待されます。浴用の場合には他の温泉と同じ効果ですが、飲用にすると胃十二指腸潰瘍、糖尿病、痛風に効くとされます。和歌山県・川湯温泉、長野県・小谷温泉などが有名です。

●熱海温泉街

❹ **硫酸塩泉**

飲用にすると胆道系機能障害や高コレステロール血症、便秘に効果があるとされます。群馬県・法師温泉、静岡県・天城湯ケ島《あまぎゆがしま》温泉などが有名です。

❺ **二酸化炭素泉**

飲用にすると胃腸機能低下に良いとされます。

大分県・長湯温泉、山形県・肘折《ひじおり》温泉などが有名です。

❻ **含鉄泉**

飲用すれば鉄欠乏性貧血に効果があるとされます。

兵庫県・有馬温泉、宮城県・鳴子《なるこ》温泉などが有名です。

❼ **酸性泉**

浴用にするとアトピー性皮膚炎、尋常性乾癬、表皮化膿症、糖尿病に効くとされます。

アトピーに良いとされる温泉は各地にありますが、効果は患者によってまちまちですので、お医者さんとよく相談して実行するのが賢明でしょう。
秋田県・玉川温泉、岩手県・須川温泉などが有名です。

❽含ヨウ素泉

飲用にすると高コレステロール血症に良いとされます。
千葉県・青堀温泉、埼玉県・百観音温泉などが有名です。

❾硫黄泉

浴用にするとアトピー性皮膚炎、尋常性乾癬、慢性湿疹、表皮化膿症に効果があり、飲用にすると糖尿病、高コレステロール血症に良いとされます。

栃木県・日光湯元温泉、神奈川県・箱根温泉などが有名です。

❿放射能泉

浴用にすると痛風、関節リウマチ、強直性脊椎炎などに効果があるとされます。
鳥取県三朝《みささ》温泉、山梨県・益富温泉、新潟県・村杉温泉などが有名です。

転地療法

温泉の持つ医療効果で忘れてならないのは、転地による気分のリフレッシュです。

景色

温泉地は気候・風土の良い景勝地、たとえば山や川、海のほとりや高原、渓谷、山林に囲まれた場所等に多くあり、そこに行くだけで我々は精神的緊張から解放され、自律神経の働きが活性化しリラックスできるのです。これを転地作用と言い、温泉地独特のにおいに誘われて散策するのも効果的です。

食事

温泉の楽しみは、普段の食事とは異なった食材、異なった調理法、あるいは手の込んだ盛り付けなどによる食事です。美しく盛りつけられた食事を前にすれば、弱って食欲の衰えた方も箸に手を付けたくなります。

温泉療法とは温泉地で温泉に入るだけでなく、その環境、食事をも含めたものを言います。このように日常と変わった物理的、化学的、心理的な作用を受けることにより体調が変化し、自律神経が亢進している場合には、これを鎮め、低下している場合には活発化して体のさまざまな機能を調整、正常化されることが期待されます。

人的環境

温泉地に行けば、まわりの人々も日常とは異なってきます。人が感じるストレスの多くは対人関係によるものです。例え数日間でも、転地によって人的環境が変化すれば、ストレス解消の糸口になる可能性はあります。その場合は可能ならば長期間の宿泊が理想的でしょう。

昔の貴族やブルジョア階級ならば避暑、避寒と称して別荘地で数カ月を過ごすことができたでしょう。貴族で無くても、近世の音楽などの芸術家は貴族をパトロン（援助者）として、その別荘でノンビリと作曲に勤しむこともできたようです。

しかし現在では、贅沢さえ言わなければ庶民でもそのような滞在を満喫することは不可能ではありません。保険を利用できる長期滞在型の温泉施設が各地に用意されているのです。そのような所を上手に利用するのも一法でしょう。

Chapter.4
日本と世界の温泉

日本三大温泉

日本には多くの温泉があります。それぞれの温泉が歴史と個性を持つのが温泉の魅力です。したがってどれが良い温泉だとか、どれが素敵な温泉だとかいうことはできません。しかし、日本人は三大なんとかというのが好きであり、温泉にもそのようなものがあります。

日本三古湯

日本の三古湯と言われる温泉があります。もちろん古くからの歴史がある温泉のことを言いますが、実は三古湯にはいろいろの種類があります。自分の地域にある温泉、自分の好きな温泉をできるだけ良く言いたいのは人情ですから、人によって異なる三古湯があっても不思議ではありません。

しかし、権威のありそうなものに絞ると2種類になります。1つは日本書紀と風土記に記されたものです。共に奈良時代の720年頃に編纂された古い書物です。それによると三古湯は兵庫の有馬温泉、愛媛の道後温泉、和歌山の白浜温泉になります。

もう1つは、延喜式神名帳でこれは927年に纏められものです。それによると有馬温泉、道後温泉、それと福島のいわき湯本温泉になります。

❶有馬温泉

兵庫県にある有馬温泉は、大化の改新があった飛鳥時代には存在が確認されて

●有馬温泉の天神泉源

います。天皇や公家、大名など古くより数々の歴史上人物が訪れていると言われています。とくに豊臣秀吉は、有馬温泉が好きで、何回も通っていたと言います。

無色の「銀の湯」と茶色に濁った「金の湯」の2種類があります。金の湯は鉄分を含み、茶色はこの鉄が酸化されることによって発生したものです。火山の無い地帯に湧出する温泉であり、マグマに由来するものと言われています。放射能温泉としても知られています。

❷道後温泉

愛媛県にある三千年の歴史を誇る温泉です。万葉集や日本書紀にも登場し、聖

●道後温泉

徳太子や天智天皇、天武天皇も湯に入りに来たと言われています。古い建築で有名な道後温泉本館には皇族専用の浴室も用意してあります。

道後温泉が有名なのは、夏目漱石の小説「坊ちゃん」の舞台となったことにも原因があるでしょう。最近では、宮崎駿監督のジブリ映画「千と千尋の神隠し」のイメージとされたことでも知られています。

❸ 白浜温泉

和歌山県にある温泉です。源泉の数が170カ所以上という、温泉資源に恵まれた土地にあります。こちらには大正時代、紀州徳川家15代当主の徳川頼倫が訪れた洞窟風呂があります。ここは荒波の打ち寄せる太平洋を眺めながら入れる風呂であり、頼倫が「帰るのを忘れるほど素晴らしい」と称したため、「忘帰洞」と名付けられました。

熱海温泉や別府温泉と並んで「日本三大温泉」と言われています。南紀白浜は観光地も多いことで知られているので、観光も含めて楽しめ、かつては新婚旅行の定番と言われたこともあります。

❹いわき湯本温泉

福島県にある温泉です。開湯されたのは奈良時代以前と言われます。伝承によると、傷を負った一羽の丹頂鶴がこの地の泉に降り立ち、湯浴みをしている所を旅人が見つけたことが温泉発見の契機になったと言います。

この湯に鎮座する磐城郡温泉《ゆの》神社の名前が延喜式神名帳に撰上されるようになり、それにちなんで「日本三古泉」の1つと言われるようになりました。

明治時代に入って石炭採掘がはじまると、坑内から温泉が多く出水しましたが、これは地底の泉脈が破壊されたことを意味し、1919年には温泉の地表への湧出が止まってしまいました。その後、温泉が復活したのは1942年になっての話でした。

♨日本三名湯

何を根拠に名湯と言われるのかというと、面倒な話になりますが、一般に日本三名湯と言われるのは、日本三古湯の有馬温泉と次の2つの湯のようです。これは室町時代の詩僧「万里集九」や、江戸時代の儒学者「林羅山」が、天下の名湯として詩に書いたことに由来すると言われています。名湯の選択にご異存のある方は、この2人に言って頂くことにして、まずは温泉を見てみましょう。

❶草津温泉

群馬県にある温泉です。江戸時代の温泉番付では最上位の大関を定位置としていたほど有名な温泉です。昔から万病に吉と謳われ、多くの湯治客に親しまれてきました。

草津温泉には「湯もみ」という独特の入浴法があります。草津温泉は温度が高すぎて、そのままでは入浴するのが困難です。しかし、水を加えると成分が薄まっ

●草津温泉の湯畑

てしまうので考え出されたのが湯もみ板で湯をもんで温度を下げる工夫です。
揃いの衣装を着た女性が長さ2m、幅30㎝ほどの湯もみ板を浴槽に入れ、歌に合わせて船の櫓をこぐように操ります。このようにしてお湯をかき混ぜることによって温度を下げるのです。

❷下呂温泉

岐阜県にある温泉です。約1000年に、現在の温泉地の東方にある湯ヶ峰（1067m）の山頂付近に温泉が湧出したのがはじまりとされます。泉効があり、当時から湯治客があったと言われます。この湧出は1265年に止まってしまいましたが、代わりに現在の温泉地である飛騨川の河原に湧出しているところを発見されたということです。

下呂市街を流れる益田川の河原に、下呂温泉のシンボルとも呼べる噴泉池と言う露天風呂があります。脱衣所・風呂を仕切る壁もなく、混浴で、入浴は無料となっています。ただし、入浴する際には男女とも水着の着用が義務付けられています。残念ながら、近年、下呂温泉全体の温泉噴出量が低下し、無料露天風呂の維持管理が難しくなっているということです。

♨日本三大美人の湯

この種の温泉の選定は権威のあるものではありません。ここでいう「美人」というのはいわゆる肌美人のことであり、この種の温泉に入ったからといって骨格人相が美人になるというわけではありません。また、美人の湯を名乗るのに試験も資格もあるわけではなく、いわば言いたい放題です。ということで、気軽に見てください。

❶川中温泉

群馬県にある温泉です。温泉が川の中から湧出していることからこのような名前になったと言われます。龍神温泉、湯の川温泉とともに1989年に「日本三大美人湯」として姉妹協定を結びました。それ以来持ち回りで「美人の湯サミット」を開催していましたが、2004年のサミットが最後になりました。

❷龍神温泉

和歌山県にある温泉です。開湯は約1300年前とされ、弘法大師や役小角《えんのおづの》が発見したなどの伝説もあります。江戸時代には紀州藩とも関わりが深く、藩主が湯治を行うために上御殿・下御殿を作らせました。現在、上御殿の建物は宿として使われています。中里介山による時代小説『大菩薩峠』やその映画化作品において、主人公・机龍之助が目を癒した所として取り上げられ、全国的に有名になりました。

❸湯の川温泉

島根県にある温泉です。出雲大社のおひざ元に相応しく、大国主命《おおくにぬしのみこと》(大国様)の恋愛の伝説がある温泉です。

神代の昔、出雲からやってきた大国の主命と恋に落ちた稲羽の国の八上姫は、命にスセリヒメというお后があることを知らず、出雲の国に帰られた命を慕って、はるばる旅に出ました。その際に姫が発見したのがこの温泉であり、その際に詠んだ歌が次の歌です。「火の山の　ふもとの湯こそ　恋しけれ身をこがしても　妻とならめや」美人の湯に相応しい情熱的な歌です。

SECTION 16

日本の特色ある温泉

名湯とか大温泉とかでなく、特別の特徴のある温泉があります。そのような温泉を見てみましょう。

特別地にある温泉

日本の変わった場所にある温泉を探してみましょう。

❶日本一高い所(みくりが池温泉)

富山県の中部山岳国立公園区域内にある温

●みくりが池温泉

泉です。標高は２４３０ｍで日本最高所の温泉宿です。

立山黒部アルペンルート観光の途中に宿泊する人、または登山の基地として利用する人が多いですが、営業しているのは４月から11月までだそうです。

❷日本一低い所（六ヶ所温泉）

青森県にあります。低いと言っても温泉の所在地ではなく、お湯を汲み上げる井戸の深さです。地下２７１４ｍから汲み上げています。鉄を含んだお湯は時間が立つと黄色くなり、鉄臭が強いといいます。

❸山の頂上（須川温泉　栗駒山荘）

秋田県と岩手県の県境にある温泉です。標高約１１００ｍの栗駒山からの絶景が素晴らしい展望大浴場「仙人の湯」があります。

昼はブナの原生林が茂る野鳥の森や、出羽富士「鳥海山」などの絶景が、夜は満天の星空が素晴らしいといいます。

❹川の中(川湯温泉)

和歌山県にあります。川の水は普通に冷たいのですが、川原をスコップなどで掘ると、70℃以上の源泉が湧き出します。この熱いお湯を川の冷たい水と混ぜて湯加減を調整すれば、適温のオリジナル露天風呂の出来上がりとなります。

❺海の中(平内海中温泉)

鹿児島県屋久島にあります。浴槽となる温泉は、海の中にあります。そのため、満潮時には海中に沈んでしまって入れません。入れるのは、干潮時の前後2時間程度だそうです。

●川湯温泉

♨変わった温泉

変わったもてなしをするとか、湯船が変わっているとかの人為的なものでなく、自然物としての温泉そのものが変わっている温泉を見てみましょう。

❶間欠泉に入浴できる（湯ノ沢間欠泉）

山形県にあります。露天風呂の中央から間欠泉が吹き上がります。地下に炭酸ガスがたまった時点で、そのガス圧によってお湯が吹き上がります。そのため、熱いお湯が吹き上がるわけではありません。露天風呂の温度も35℃程度と低めです。

●川原毛大湯滝

©shidax , Japan, Akita, Yuzawa, Kawarage-Oyutaki

❷ 滝が温泉（川原毛大湯滝）

秋田県の温泉です。滝そのものがお湯という凄い温泉です。約1㎞上流で湧出する温泉が沢水と合流し、20ｍの高さからダイナミックに流れ落ちてきます。滝つぼや渓流はすべて天然の露天風呂になっており、世界でも屈指の湯の滝です。

❸ 石油混じりの温泉（豊富温泉）

北海道・天塩郡にある温泉です。石油の混ざった、何とも変わった温泉です。豊富温泉は大正14年、石油試掘の際に、地下約８００ｍの地点から高圧の天然ガスと共に43℃のお湯が噴出したことから開湯した温泉です。湯船の表面には薄い油膜が浮かんでいて、皮膚病に効果がある温泉としてよく知られています。

❹ 泥混じりの温泉（別府温泉保養ランド「紺屋地獄」）

大分県の温泉です。「泥の湯」として知られています。泥の温泉は浮力が大きいため、体が浮くような感覚で入浴でき、この泥は美肌効果が期待できるといいます。

日本の温泉の楽しみ

温泉にはいろいろの楽しみがあります。一番は入浴の楽しみでしょうが、それだけではありません。温泉街に並ぶお土産屋さんを冷やかし、名物、特産品、工芸品などを求めるのも大きな楽しみです。もちろん、宿で出る料理も楽しみです。

入浴法

温泉ですからに、温泉を「利用」するのが第一ですが、お湯に浸かる入浴だけではありません。

❶ 時間湯

群馬県草津温泉のお湯は熱いです。そのまま入るには抵抗があります。先に見たようにそこで編み出されたのが「湯もみ」です。湯もみが行われると湯の温度が下がります。すると温度が適当になったところで、湯長が号令を下します。この号令一下、客が一斉に入浴し、3分間の入浴を行うというものです。何やら体育会系風の入浴風景ですが、草津温泉の名物です。

❷ 岩盤浴

温泉の熱によって加熱された岩の上に横たわる入浴?法です。秋田県の玉川温泉がよく知られています。玉川温泉独特の強酸性と強い放射線が各種の癒し、医療効果、場合によってはガン治療にもなるのかもしれません。

近年、多くの天然温泉、ボーリング温泉などでも行われているようです。しかし、このような医療効果は医学的に証明されたものではありません。試すのは自己責任ということになります。

❸ 砂風呂

温泉の熱によって熱くなった砂の中に埋まって、入浴?を楽しむものです。砂蒸し、砂湯などとも言います。海岸の砂浜に温泉が湧出している鹿児島県の指宿《いぶすき》温泉が有名です。温泉の地熱を利用した発汗療法です。

砂浜の砂を掘ってその穴に横たわり、首だけを残して砂をかぶせてもらいます。穴の深さによって温度が異なるほか、砂の上から温泉をかけてもらうこともあります。別府温泉や屈斜路《くっしゃろ》湖畔など、各地の温泉で行われています。最近では砂を人工的に加湿した人工砂湯もあります。

❹ 泥湯

秋田県に、泥湯《どろゆ》というそのままの名前の温泉がありますが、一般に泥湯という場合には、泥混じりの温泉を言い、これは全国に10カ所ほどあります。要するに、ぜんざいの汁のようにお湯と泥が混じり合っている温泉です。泥が沈殿してしまった場合には、かき混ぜるように、特性の板が置いてある温泉もあるようです。

泥のせいで比重が高いので、相対的に人体は浮きます。その浮遊効果を楽しむとか、粒子の細かい泥によるパック美容効果を楽しむとかできるようです。

❺蒸気浴

秋田県・後生掛《ごしょかけ》温泉、岩手県・夏油《げとう》温泉、群馬県・四万温泉など全国各地で見られる温泉の蒸気を利用した入浴法です。温泉の蒸気が噴き出す箱の中に首だけを出して入って全身を蒸す方法、温泉の蒸気で満たされた蒸気室に入り全身を蒸す方法などがあります

♨お土産

湯上りに温泉街を散歩して友人への土産を探すのも温泉の楽しみの1つです。

❶温泉まんじゅう

ほとんどの温泉で用意しているのが温泉まんじゅうでしょう。なんだというかもしれませんが、温泉まんじゅうの中には温泉を実際に用いて作ったまんじゅうもあります。本来の温泉まんじゅうは生地に温泉水を使ったり、温泉の蒸気を使って蒸すことから付けられたとされます。しかし、ふっくらした生地を作るのに適した重曹成分や、

蒸しに適した高温の蒸気が確保できる温泉は限られており、なかには単なる土産物としてのまんじゅうもあるようです。

❷温泉煎餅

本来の温泉煎餅は、鉱泉煎餅あるいは炭酸煎餅とも呼ばれ、温泉の中でも炭酸の多い水を用いてつくられた煎餅を言います。炭酸の発泡効果のため、煎餅は多孔質でサックリと焼き上がり、パリパリとした歯触りと、独特の香りがあります。

❸温泉卵

一般に温泉卵という場合には、適当な温度のお湯に適当な時間漬けて、黄身が半固まり、白身がドロッとしたゆで卵を言うようですが、本来の温泉卵は温泉の熱で蒸した卵の事を言います。有名な温泉卵に箱根温泉の「黒たまご」があります。これは卵を温泉池でゆでると、気孔の多い殻に温泉

●箱根温泉の「黒たまご」

の鉄分が付着し、硫化水素が反応して硫化鉄(黒色)となって黒くなったものです。1個食べると寿命が7年伸びるそうです。お試しあれ。

❹ 湯の花

温泉の成分が沈殿したものを一般に湯の花と言い、温泉土産の定番になっています。湯の花には硫黄S、カルシウムCa、アルミニウムAl、鉄Fe、珪素Siなど、各温泉地固有の成分がさまざまな割合で含まれていて、各温泉地の個性を表しています。家に帰って家庭の風呂に溶かし、温泉の思い出に浸るのも温泉の楽しみの1つかもしれません。

♨ 温泉養殖

一般に水棲動物は水温の高い夏場に成長し、水温の低い冬場はジッと耐え忍んでいるようです。してみれば、温泉の温水を利用して彼らを飼育すれば年中成長し続け、アッという間に大きくなるのではということで温泉水を利用した養殖が行われています。

❶スッポン

カメの一種のスッポンは通常4年かけて大きく成長しますが、温かい温泉水で養殖することでわずか1年半で大きくなります。そのうえ、肉質が柔らかく、旨味があり、臭みのないということで好評ということです。奥飛騨温泉など、各地で養殖がおこなわれています。

❷フグ

フグは海の魚です。ところが海の無い栃木県でこのフグを養殖している所がありまず。養殖に使う水に地元から湧き出る温泉水を使っているのです。ただし、ナトリウムなどを使って塩分の濃度を海水(3%)よりも低い0・9%に調整しています。

塩分を低めにすることで、フグが体内の塩分濃度を維持するのに使うエネルギーを節約できるので、稚魚から成魚になるまで約1年と通常よりも8カ月ほど成長が早いといいます。

SECTION 18

世界の温泉

温泉は世界中にあります。世界の有名な温泉を見てみましょう。

♨北欧・西欧

北欧と言えばサウナです。熱いサウナ室で汗をかいたら外の雪原で熱さましと豪快です。

❶ミーヴァトン・ネイチャーバス(アイスランド)

アイスランドは温泉で有名です。この温泉はアイスランドの北部、ミーヴァトン湖の北東にあり、世界最北の露天風呂として知られます。お湯はきれいな青白い色で温度は36～40℃とちょっとぬるめですが、天然の蒸気が上がるスチームサウナで体を温めることもできます。遅い時間までオープンしているため、冬にはオーロラを見ながらお風呂につかることもできるそうです。

❷ブルーラグーン(アイスランド)

この温泉は露天風呂としては世界最大の大きさを誇ります。温泉は自然に湧出する温泉ではなく、隣接する地熱発電所が汲み上げた地下熱水の排水を利用したものです。少しぬるめのお湯は広大な景色を眺めながら長時間のんびり浸かるのには最適です。泥パックやサウナなども楽しめます。皮膚病治癒の効果や美白効果があるということです。

●ブルーラグーン

❸サトゥルニア温泉(イタリア)

火山国のイタリアには温泉がたくさんあります。温泉に親しんだローマ人が作った公衆浴場(テルマエ)の伝統もあります。とくに南トスカーナ地方には自然の中で温泉が楽しめるところが数多くありますが、その中でも世界的に有名なのが、サトゥルニア温泉です。毎秒800リットルも湧き出る温泉が、棚田状の湯船にながれます。

♨東欧

東欧でも、トルコ、ハンガリーなど温泉に親しんでいる国があります。

❶セーチェニ温泉(ハンガリー)

ハンガリーは世界有数の温泉地です。ブタペストだけでも源泉が100カ所以上もあると言われます。そのブタペストには、ローマ時代の遺跡がたくさん残っており、古代ローマ時代からの温泉文化が根付いています。ヨーロッパ最大の温泉である、セーチェニ温泉は、1913年にバロック・リヴァイヴァル建築様式で建てられました。

テレジア・イエローは、当時ここがオーストリア＝ハンガリー帝国という大国だったことを彷彿させる豪華な建物です。

❷ゲッレールト温泉（ハンガリー）

ゲッレールト温泉は、高級ホテルを敷地内に持つ超豪華温泉施設です。大理石をふんだんに使った高級感あふれる19世紀末のアールヌーボースタイルの建物には、モザイクやステンドグラスがはめ込まれており、豪華で美しい建築物の中で温泉を楽しめるのが魅力です。

❸パムッカレ・テルマル（トルコ）

この温泉は白い石灰棚にできたもので、現在は景観保護のため入場が制限されており入浴することはできません。しかし、石灰棚の上部にあるヒエラポリス遺跡に温泉プールがあり、プールの底にはローマ時代の遺跡が沈んでおり、幻想的な雰囲気があります。

♨アメリカ

南北アメリカ大陸は環太平洋火山帯の一角であり、火山や温泉がたくさんあります。

❶ストロベリーパークホットスプリングス(アメリカ)

アメリカ、コロラド州には、「スプリングス」という地名が多くあります。これらは温泉に由来したものであり、温泉を利用した保養地があちこちにあります。その中でも、この温泉は荒々しい自然と静けさが魅力です。

❷ラグーナベルデ(ボリビア)

ボリビアのアルティプラーノ南西部にある、塩湖ラグーナベルデの周辺には活火山が多く、間欠泉や温泉がたくさんあります。この温泉は標高4000mを超えた高地にあるので、高山病の危険がありますが、ここで入る温泉の解放感は他では絶対に味わえないと言います。

♨アジア・オセアニア

アジア、オセアニアにも温泉はたくさんあります。

❶クロントム温泉(タイ)

タイの熱帯ジャングルの中にある温泉です。川がそのまま温泉になって勢いよく流れるという豪快なものです。棚田のような段のなかで温泉に浸かることができます。

❷北投温泉(台湾)

台北の温泉です。ホテル・旅館のほかにも公衆浴場などの施設もあります。青流(ラジウム温泉)、白流(硫黄泉)、鉄流(含鉄泉)の3種類の泉質があります。

❸ロトルア温泉(ニュージーランド)

ニュージーランド随一の温泉地でロトルア湖畔にあります。美しい湖を眺めながら入浴ができ、温泉プールが完備されています。

Chapter.5
温泉の起源

SECTION 19

火山起源

温泉の定義は広く、必ずしも温かい湯でなくても温泉として認定されることは可能です。しかし、普通に温泉と言えば、やはりゆったりと体を浸すことのできる温かいお湯ではないでしょうか。普通の地下水は冷たいはずです。それが温かく、あるいは熱くなるのはなぜでしょうか？　もちろん地熱によって温められたのですが、その地熱の現れ方に2通りあります。1つは地球の内部構造であるマントルの熱によって温められたもの、もう1つは火山の熱によって温められたものです。

♨火山の構造

地殻の所々には、マグマだまりという、ドロドロに溶けた溶岩であるマグマが滞留している場所があります。マグマだまりの深さは、地下数㎞から数十㎞です。火山はこのマグマだまりのマグマが何らかの理由によって岩盤を突き抜け、地上に放出されることによって発生したものです。したがって火山の底には必ずマグマだまりが存在することになります。

図は火山の模式図です。マグマが地上に到達するまでに通るルートを火道と呼び、火道が地上に抜ける地点を噴火口と呼びます。火道は、主火道から逸れて形成され、その副火道が地上に噴出すると側火山と呼ばれる小火山を形成することになります。また、副火道が地上に噴出せず地下にとどまったままのものを岩脈、岩脈が地層に沿って平行に地中で広がったものを岩床と呼びます。

●火山の構造

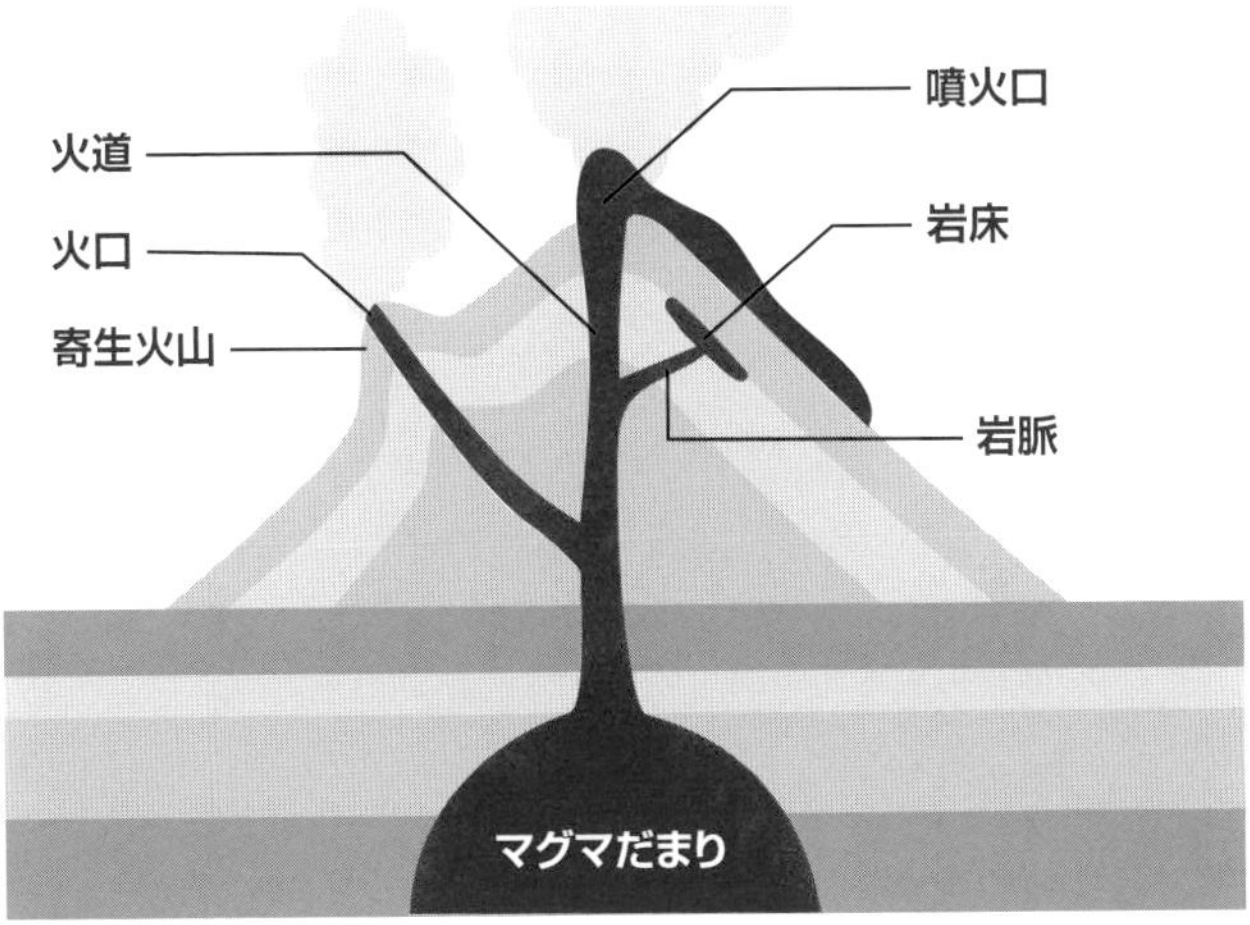

♨ 火山の活動度

火山には鹿児島の桜島のように噴煙を上げ続けている火山もあれば、富士山のように活動を停止している火山もあります。以前は火山を次の3種に分類していました。

①活発に活動中である活火山

②噴火活動の記録はあるがその時点において噴火活動が起きていない休火山

③有史以来噴火活動の記録のない死火山

しかし、休火山や死火山が突如として噴火する事態が多発し、実状に合わないとして見直され、現在では「活火山」と「それ以外の火山」に分けられています。

活火山は「概ね過去1万年以内に噴火した火山及び現在活発な噴火活動のある火山」とされています。また、活火山でも活動の程度には大きな差があるため、活火山をその噴火頻度によってＡＢＣの３つのランクに分けて分類しています。

プレートテクトニクス

火山は地球上のどこにでもできるわけではありません。それは地殻を構成するプレートの動きに対応したものです。

地球の内部構造はマントルの上に地殻が乗っています。１９６０年代後半以降に発展した地球科学の学説、プレートテクトニクスによれば、マントルの上部部分と地殻は一緒になって移動するのです。この動く部分をプレートと言います。成分は岩石で厚さは１００㎞ほどです。地球は1枚のプレートでできているのではなく、図に示したように15枚ほどのプレートで覆われていると言います。

●プレート

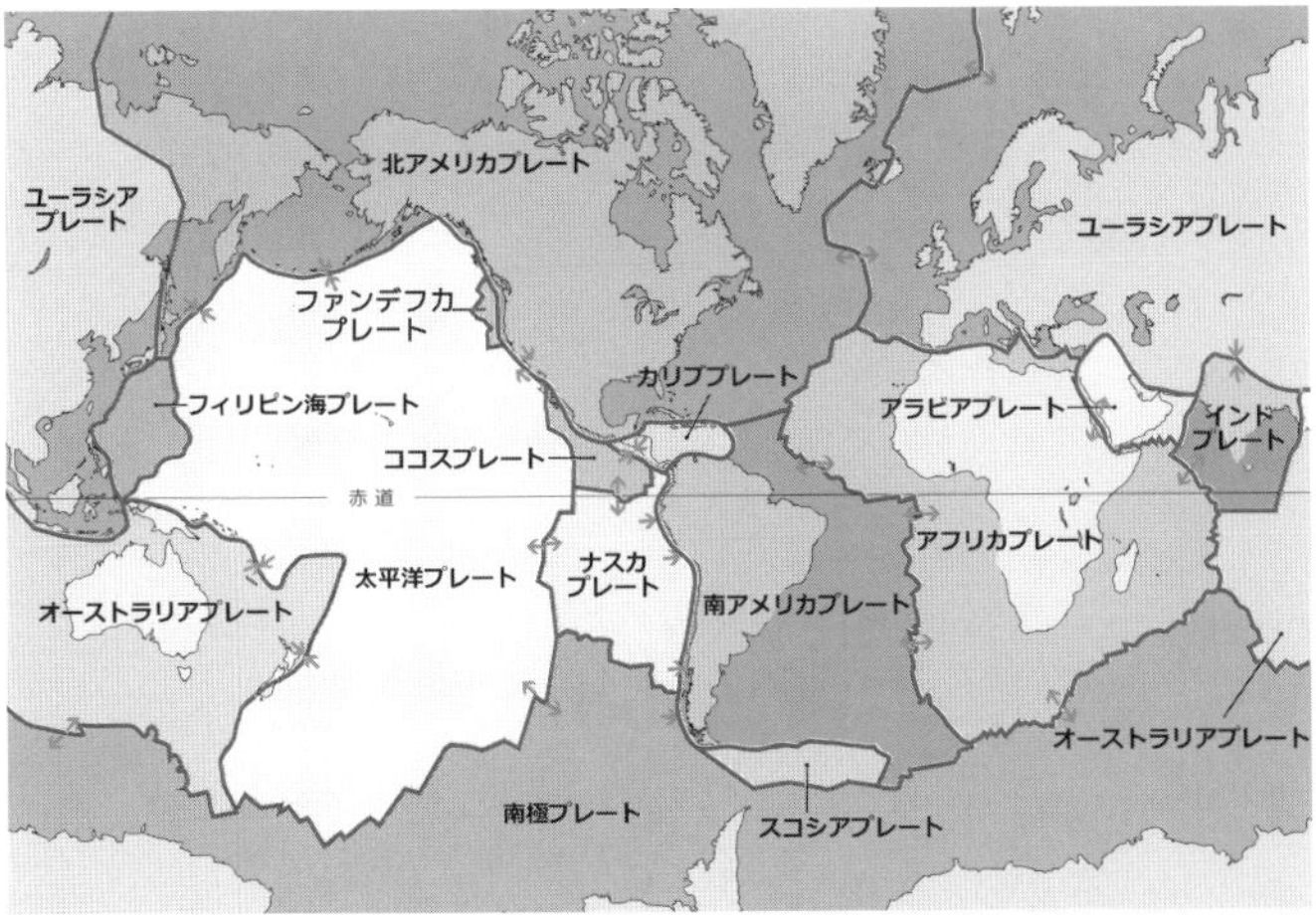

このプレートが自重によってマントルに沈み込み、対流するマントルに乗って互いに動いているものと考えられます。したがって地表の様子、すなわち大陸の形、位置は常に変形、移動しており、そのため、100万年前の大陸と現在、さらには100万年後の大陸は異なっていると考えられることになります。

火山とプレート

火山は、プレートの動きに伴って、プレートの合わせ目(境界)に生成されるものと考えられます。その説によれば、火山ができる場所には大きく分けて3種類あります。

❶プレート発散型境界(リフトバレー、海嶺)

地球上で最も火山活動が活発なのは、熱いマントルが上昇してきて、地殻が新たに生成される場所、すなわち発散型境界です。発散型境界は普通、長く続く谷地形となっているので、リフトバレーとも言われています。リフトバレーの多くは海底にあり、海嶺と言います。陸上のリフトバレーの代表的なものがグレートリフトバレー(東アフリカ大地溝帯）です。

❷プレート収束型境界（海溝）

発散型境界で生成したプレートは、収束型境界で他のプレートとぶつかり、マントルまで沈み込んで消滅したり、プレート同士が重なり合ったりします。火山が発生するのは主に前者で、海洋プレートが他のプレートの下に沈み込む海溝に沿って分布します。

海溝で沈み込んでいる海洋プレートには、多量の水が含まれているので通常よりも低い温度で融けます。これがマグマになるものと考えられています。マグマは発生した場所から浮力によってほぼ真上に上昇し火山を形成します。日本の火山はこのタイプに属します。

❸ホットスポット

地表の特定箇所に、継続的に大量のマグマが供給される場所があり、これをホットスポットと言います。ホットスポットの位置は、プレートの動きとは無関係に一定しており、プレートよりも下のマントルに発生源があると考えられています。

♨爆発の種類

火山の爆発には大きく分けて2種類があります。

❶マグマ噴火

マグマだまりに新たなマグマが供給されたり、地殻変動でマグマだまりが収縮させられたりすると、マグマが地上に押し出されることになります。マグマが地上に掛かる圧力は、マグマが火道を上昇する間に急激に減少します。この際、マグマに二

●キラウェア火山のマグマ

酸化炭素CO_2などの気体が大量に含まれると、気体は一気に膨張し、爆発を起こします。このような爆発をマグマ噴火と言います。このような噴火では高温の溶岩が飛び散ることになるので大きな被害が起こります。

しかし、マグマに気体が含まれていない場合には、溶岩流が河口から流れ出すだけの静かな噴火となります。ハワイのキラウェア火山がこのタイプになります。

❷ 水蒸気爆発

水蒸気爆発は水が急激に沸騰することによって起こる爆発です。身近なもので例えるなら、エビのてんぷらを揚げる時、尻尾の先に入った水が破裂して熱い油が飛び火傷するようなものです。火山の水蒸気爆発は、マグマの近くに溜まった水がマグマの熱によって沸騰し、爆発するものですが2種類あります。1つはマグマの外側に溜まった水が爆発する例です。つまり、水とマグマの直接の接触はありません。この場合には水蒸気が噴出し、その勢いで山体の岩石が吹き飛びます。これを(普通の)水蒸気爆発と言います。もう1つはマグマが直接地下水に接して起こる爆発です。この場合にはマグマが溶岩として噴出します。

マントル起源

火山起源の温泉の熱源はマグマということになります。日本の多くの温泉はこのタイプになります。この場合には温泉の水源は比較的浅いことが多くなります。

それに対してもう1つのタイプの温泉では、熱源はマントルになります。つまり、マントルの熱が地下水を加熱して温泉にするのです。この場合には熱源は１０００ｍを越える深い所にあることが多くなります。日本では兵庫県の有馬温泉がよく知られています。有馬温泉のお湯は上部マントルに相当する地下60㎞にある熱水が上昇したものという説もあるようです。

マントル温泉は火山とは無関係に存在します。もし、火山脈と無関係な所に火山があったとしたら、それはマントル性の温泉である可能性があります。また、最近多い都会の郊外に突如開けた温泉は、深いボーリングによってお湯を探したものであり、火山とは関係ありません。その意味でマントル性の温泉と言えるのかもしれません。

水の起源

温泉のお湯はどこからくるのでしょうか?

温泉のお湯は地下水に決まっていますが、それでは、地下水とはそもそもどのようなものなのでしょうか。

♨ 地下水とは

海岸に近い地方の地下水は海水が浸み込んだものであることもありますが、多くは雨(天水)が地下に浸み込んだものです。自然界ではほとんどの天水が地下に浸み込むものと考えられています。

♨地下水の起源

雨が降ると川が増水します。都会で降った雨はアスファルトやコンクリート、人家で覆われた地表を流れて直ちに下水を通って川に流れ込みます。しかし、山や森林田園などの自然界では異なります。雨によって川に流れ込む水は、今の雨で降った水ではないのです。今の雨で降った水は地下に浸み込みます。その分、地下水が溢れ、それが川に流れだしたのです。つまり、それまでの地下水が天水に置き換わったのです。

♨地下水の年齢

地下水は砂礫などの間を通って地下に浸み込みます。そして地下50ｍより浅い所にあって水を通しやすい透水層と言われる地層に達すると水平移動に転じ、やがて海に流れ込みます。この速度は1日数ｍとされています。このような地下水を浅層水と言います。浅層水の年齢は数十年から50年程度のものが多いようです。富士山の湧水も50年程度だそうです。

浅層水の一部はさらに深い所へ浸み込んでいきます。これは透水層ではなく、硬い岩盤のことが多いので、岩盤の細かい割れ目を通って浸み込むことになるので速度は大変に遅く1日数㎝以下と考えられます。このようにして地下の深い所に浸み込んだ水は、その先ほとんど動くことなく、そこに滞留を続けます。このような地下水を深層地下水と言います。深層水のある深さは地層の構造によって異なりますが、浅い所では200m程度、深い所では1000mに達します。

このような水は地層に達するだけでも数千年かかっていることになります。中には百数十mから採取した深層水の年齢が1万2千〜1万5千年だったという例もあるそうです。地下1000mにある深層水の年齢は10万年単位ということになるのかもしれません。

深層地下水はいたる所に存在します。サハラ砂漠の地下にもあることが知られています。このような水は、氷河期時代、緑滴る草原だったサハラに降った雨が浸み込んだものと言われています。

♨ 地下水の温度

地下では各種の放射性元素が原子核崩壊をして熱を発生しています。浅い所の熱は地表から宇宙空間へ放散されますが、内部の熱は溜まっていきます。そのため、地下の温度は深い所ほど熱くなります。

どれだけ深くなったらどれだけ熱くなるかという温度勾配は、日本の場合100m当たり2~3℃と言われています。ということは、地下1000mにある深層地下水は、地表温度15℃を足すと40℃程度となり、温泉と呼ばれる程度になります。2000mだったら60~70℃という高温になります。深くボーリングしたら温泉が出てくると言われる由縁です。しかし、問題はボーリングした先に、果たして深層地下水が溜まっているかどうかだと言うことです。

温泉水の起源

地下水がどのような運命をたどり、どのような温度になるかは先に見た通りです。それでは、このような地下水と温泉水はどのような関係にあるのでしょうか。

♨ 火山起源の温泉

火山起源の温泉の場合は、山などに降った雨水が地下に浸透して地下水となり、それが透水層に従って移動します。マグマの近くに来るとその熱で温められて体積が膨張し、あるいは沸騰して地層の割れ目に沿って上昇します。マグマの近くでは高温になっても、上昇の途中で冷たい普通の地下水が混じったりすると温度は低下します。しかし、岩盤の割れ目が深い所から直接地表に達していたりすると熱湯が地表に噴出することになります。

このような説を裏付けるものに間欠泉があります。これは一定時間ごとに熱湯が噴き出す温泉であり、アメリカのイエローストーン国立公園にたくさんあることで知られています。日本でも宮城県の鬼頭温泉《おにこうべ》が有名です。

これはマグマの近くにある地下空洞に地下水が常に流れ込んでいる状態にあり、ある程度の量が溜まって加熱されるとその水量だけ自噴します。熱湯が出尽くすと噴出は止まり、また水が溜まるのを待つという仕組みです。

♨マントル起源

マントル起源の温泉の水も、地下水が加熱されている例があるでしょう。適当な地下水たまりがマントルの熱で加熱される可能性は常にあるものと思われます。

●イエローストーンの間欠泉

マントル起源の場合には、もう1つ壮大な水の起源が考えられます。それはプレートテクトニクスによってプレートが他のプレートの下に沈み込む場合、海水を含んだまま沈み込むと言うのです。この海水がマントルで加熱されて、やがて上のプレートの底から湧き上がるのが、このタイプの温泉だと言います。

有馬温泉のお湯がこのタイプで、その証拠に有馬温泉のお湯には海水の2倍ほどの濃度の塩分が含まれています。これは海水が濃縮されたことによるものです。

水の年齢の測定法

大昔に作られた木彫品などの製作年代は、炭素年代測定法によって計測されます。水の年代も同じように炭素や水素を用いて測定します。よく用いられる炭素を用いた年代測定法を見てみましょう。

地下水に含まれる不純物(ゴミ)としての有機物(炭素化合物)は、地下水と一緒に流れ込んだものであり、地下水と同じ年齢と考えることができます。

炭素には^{14}Cという放射性同位体があり、これは半減期5730年で崩壊して^{14}Nとなります。
半減期というのは、最初１００gあった^{14}Cが徐々に崩壊して^{14}Nに変化し、その分^{14}Cの量は減っていきます。^{14}Cの量が最初の半分、つまり、50gになるのに要する時間が半減期、つまり^{14}Cの場合には５７３０年というわけです。

さらに５７３０年経ったら、今度は50gのさらに半分の25gになります。このように、半分、半分と減っていくのに要する時間が半減期なのです。

水が地表にいる時は、常に新しいゴミが入って来るので、水に含まれる^{14}Cの量は自然界と同じです。ところが、この水が地下に浸み込むと、新しいゴミの混入は無く

●半減期

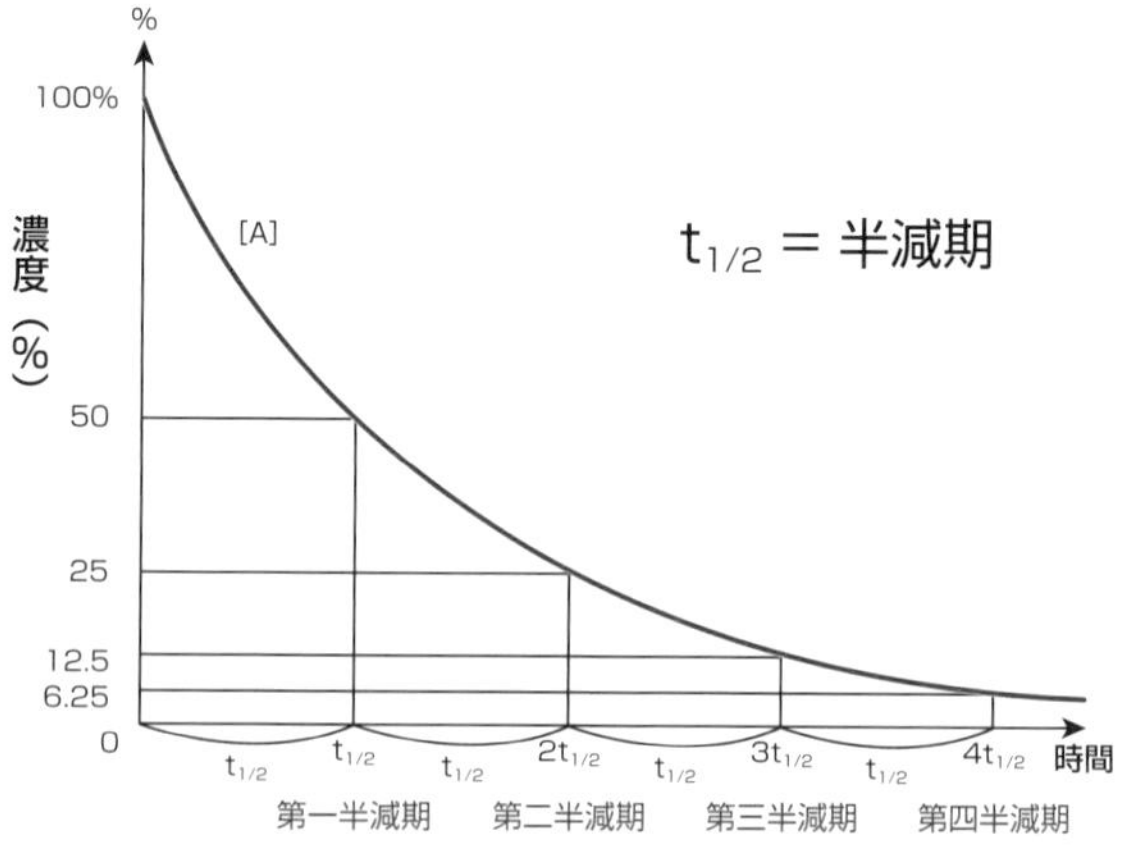

なります。つまり、ゴミに含まれていた^{14}Cは減少を続けます。もし、この^{14}Cの濃度が地表の濃度の半分だったら、その地下水は地下に潜ってから５７３０年経った。すなわち年齢が５７３０歳であるということになります。

ただし、この計算が成り立つためには、地表のゴミに含まれる^{14}Cの量は常に一定でなければならないという大前提があります。しかし、この条件は、地球内部の原子核崩壊や宇宙線によって誘発された原子核反応によって満足されることが証明されています。

SECTION 23

温泉成分の起源

温泉には各種の成分が含まれています。これらの成分はどのようにして温泉に含まれることになったのでしょうか?

気体成分

栃木県と福島県の県境にある那須火山の噴気ガスの成分では、水分の次に多いのが二酸化炭素(炭酸ガス)CO_2で次が亜硫酸ガスSO_2、次が硫化水素H_2S、次いで塩酸HClとなっています。これらは有機化合物や硫黄が泉源の高熱で化学反応して生じたものです。

これらはすべて酸性物質であり、水に溶けるとその水を酸性にします。つまり、二酸化炭素は水に溶けると炭酸H_2CO_3という弱い酸にな

●二酸化炭素と亜硫酸ガスの水の反応

$$CO_2 + H_2O \rightarrow H_2CO_3$$
$$SO_2 + H_2O \rightarrow H_2SO_3$$

り、亜硫酸ガスは亜硫酸H_2SO_3という強い酸になります。硫化水素と塩酸ガスは、そのまま酸になります。

炭酸は炭酸飲料などに含まれるもので害はありませんが、他のものは有害です。とくに硫化水素は猛毒で、時々、温泉で中毒事故が起きるほどです。硫化水素の人為的な発生の仕方がネットで紹介され、そのせいで硫化水素自殺が多発し、社会問題になったのは記憶に新しい所です。

硫化水素は空気より重いので、火山地帯で発生すると窪地に溜まります。知らないままスキーで通りかかり、こん倒してそのまま硫化水素を吸い続けて亡くなった事故もあります。硫化水素は濃度が低い場合は、ゆで卵のような匂いがしますが、濃度が濃くなると嗅覚が麻痺して匂いを感じなくなると言います。

実は本書の執筆をしているときに、ニュースである温泉の浴場で客数人が倒れており、病院に搬送した結果、硫化水素中毒であったということを伝えていました。幸い命に別状はないとのことですが、充分な注意が必要です。

♨溶液成分

温泉の湯に溶けている成分は、1章で見た通りたくさんの種類があります。これらの起源は全て岩石由来です。泉源に溜まっている間に溶ける物もあるでしょうし、地下を上昇してくる間に溶ける成分もあるでしょう。それにしても温泉の水（湯）には普通の地下水よりも多種類の物質が高濃度に含まれています。これはなぜでしょう。

♨超臨界水

それは、泉源の水が普通の水ではないということに原因があります。泉源は、マグマにしろ、マントルにしろ、1000℃以上の高温です。その上、地圧が掛かって何百気圧という高圧状態です。このような環境の水は普通の水ではありません。このように高圧高温の水、とくに圧力218気圧、温度374℃以上の水を超臨界水と言います。

超臨界水は、液体の水と気体の水（水蒸気）の中間の状態と考えればよいでしょう。非常に大きな溶解力と酸化力を持ちます。そのため、マグマやマントルに近い所の水は超臨界水となって、周囲の岩石を強力に溶かして、水溶液として取り込むのです。これは、普通の地下水にはできないことです。

深層地下水も深い所では200℃、300℃になることもあるでしょうが、そのような水と、臨界点を超えた超臨界水とは性質が全く異なるのです。

岩石のさまざまな成分を溶かした超臨界水も、地表に向かって上昇するうちに温度、圧力は下がり、超臨界水から普通のお湯になってしまいます。溶解力はもちろん落ちますから、地表に向かううちに、一度は溶かした成分を析出させることになります。

●水の状態

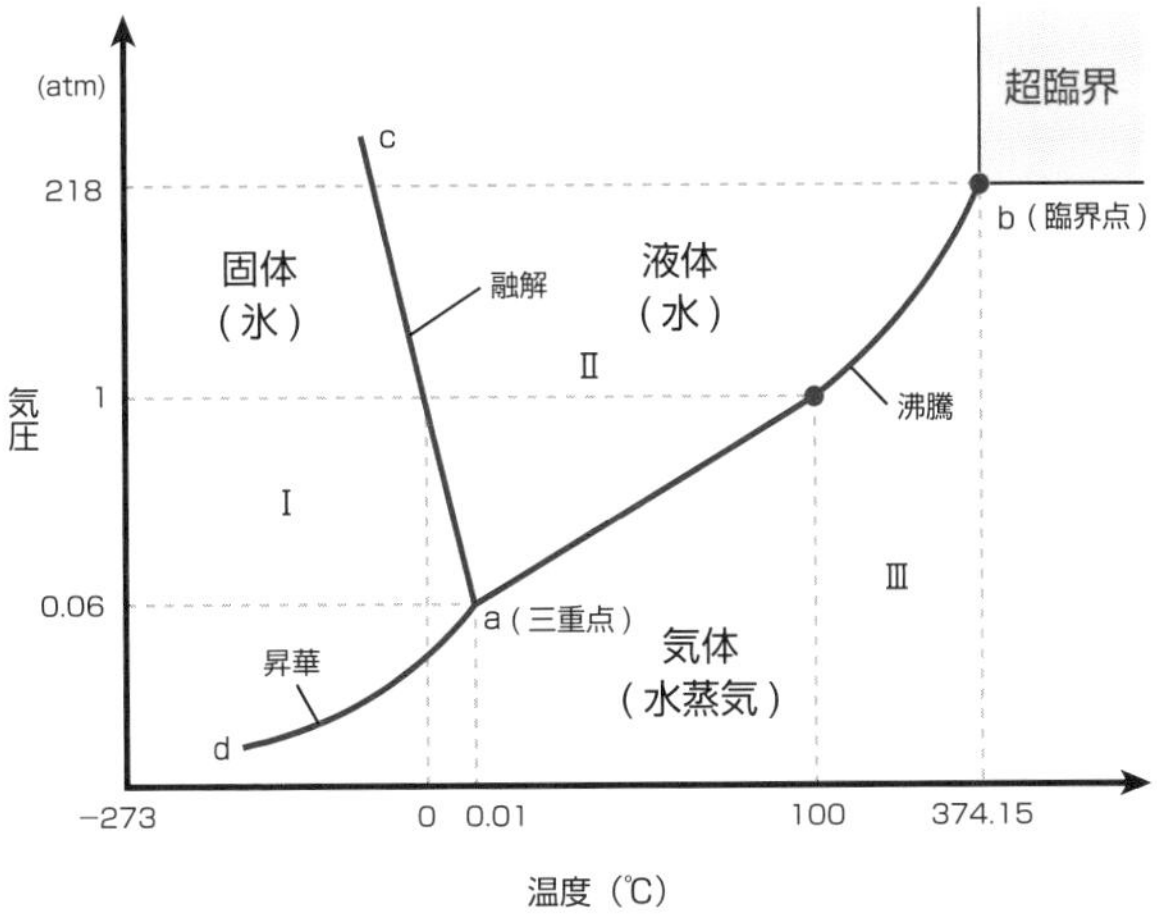

それでも、超臨界状態を経験したお湯と経験したことの無いお湯では、溶液の成分が違います。これが温泉の大きい魅力に繋がるのでしょう。

♨塩水

温泉にはいろいろの種類があり、各温泉によってその成分には違いがあります。しかし、多くの温泉に含まれている成分に食塩NaClがあります。この食塩がどのようにして温泉に含まれるかが、かつて問題になったことがあります。

有馬温泉のように、マントル由来の温泉ならばプレートテクトニクス由来のものとして積極的に説明できるでしょう。しかし、火山由来の温泉で、しかも海岸から遠く離れている温泉ではそのような説明も困難です。

現在では、この解決は、温泉に含まれる気体成分の塩化水素HClに由来するものと考えられています。つまり、HClが近傍の岩石に含まれるナトリウムNaと反応して食塩(塩化ナトリウム)NaClとなったというものです。

Chapter.6
地球の起源

SECTION 24

原子の構造

温泉の話に、何で原子の話が出てくるのかとお思いかもしれません。しかし本書は「温泉」の科学本です。温泉を楽しく愉快に御紹介するだけの本ではありません。温泉とはどのようなものなのか、温泉はどのようにしてでき、どのような成分を含み、どのような効用を持つのかということを考えるためには、温泉が湧き出る地球とはどのようなものなのかがわからなければなりません。

地球を知るためには、地球がそもそもどのようにしてできたのか、宇宙がどのようなものなのかがわからなければならず、そのためには、宇宙を構成する原子の話を避けて通るわけにはいきません。

とはいうものの本書は『科学解説書』でもありません。硬い話は避けて、できるだけわかりやすくいきましょう。

♨原子核の構造

無限大ともいえるくらい大きな宇宙と、無現小ともいえるほど小さい原子が一体どこでつながるのかとお思いかもしれませんが、実は現代天文学は素粒子論無くして語ることはできません。素粒子論は原子の構造や挙動を明らかにするために築かれた理論体系です。つまり、現代の天文学は原子論と同じなのです。

原子はいうまでも無く小さいものです。原子を拡大してピンポン玉くらいにしたとして、そのピンポン球を同じ拡大率で拡大すると地球ほどの大きさになります。

●原子核の構造

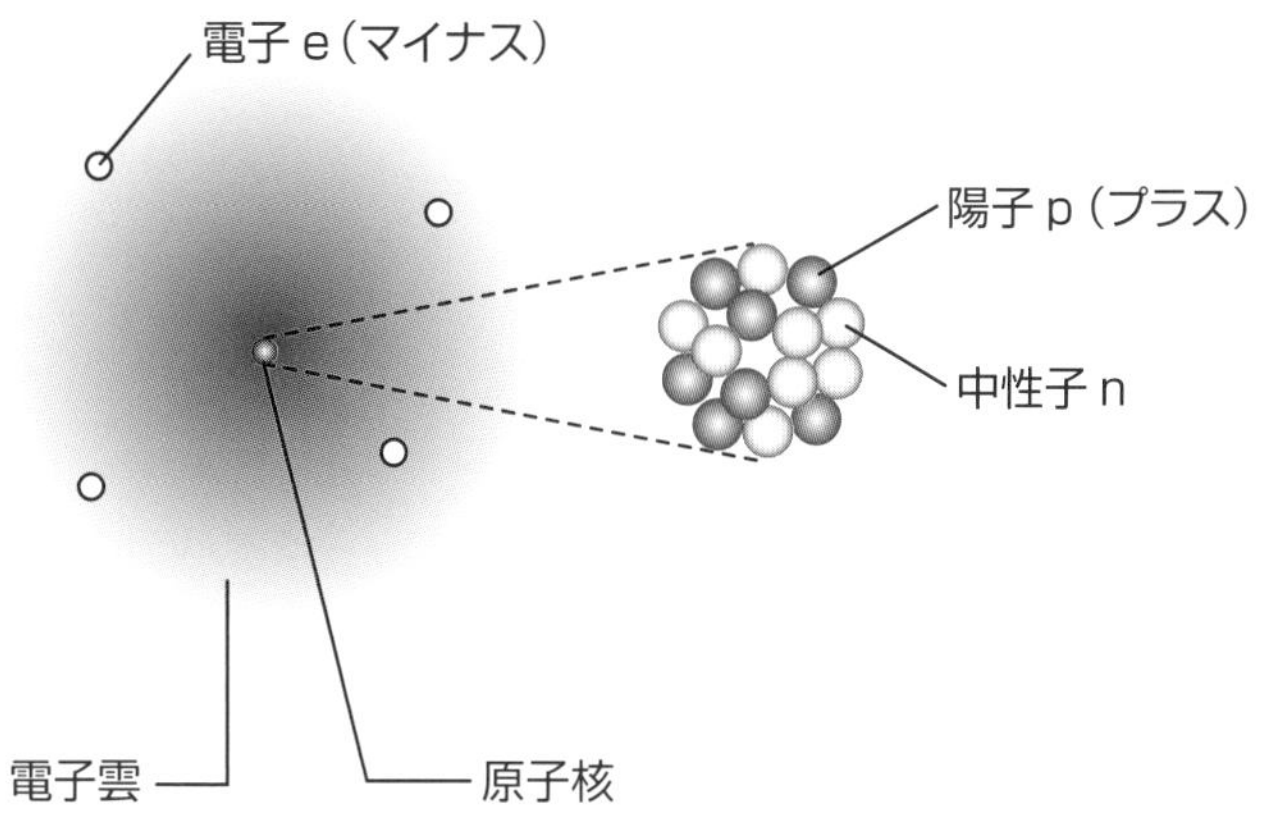

原子は雲でできた球のようなものです。雲は何個（Z個）かの電子（記号e）という粒子でできています。電子の重さは無視できるほど小さいですが、1個の電子は−1の電荷を持っています。電子雲の中心には重くて（比重が大きい）小さい原子核という粒子が存在します。

ところが原子核はまた陽子（p）と中性子（n）という粒子が集まったものなのです。1個の陽子の質量を質量数＝1と定義することにします。1個の陽子は＋1の電荷を持ちます。一方、中性子は、重さは陽子と同じで質量数＝1ですが、電荷は持っていません。そのために中性子と言われるのです。

原子は陽子と同じ個数の電子を持ちます。そのため原子は原子核の陽電荷（＋N）と電子雲の陰電荷（−N）が釣り合うので電気的に中性となります。

●原子番号と質量数

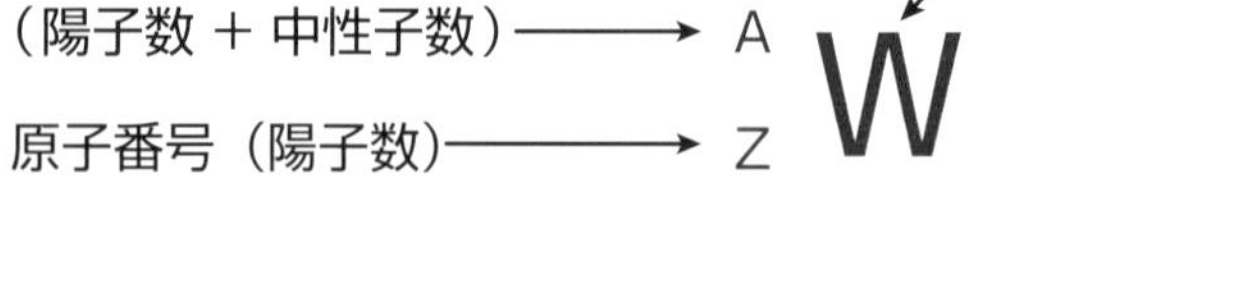

♨原子番号・質量数・同位体

原子核を構成する陽子の個数を原子番号と言い、記号Zで表します。また、陽子の個数(Z)と中性子の個数を合わせた個数を質量数と言い、記号Aで表します。

原子には、陽子の個数(Z)は同じでも質量数(中性子の個数)は異なるという原子が存在します。このような原子を互いに同位体と言います。例えば水素原子Hには中性子をもたないので質量数1の(軽)水素^{1}H、中性子1個を持って質量数2の重水素^{2}H(記号D)、中性子2個を持った三重水素^{3}H(記号T)が存在します。

原子の化学反応性は電子雲によって決定されます。つまり、原子番号がZの原子は全てZ個の電子を持ち、同じ化学反応性を示します。そのため、Zが同じ原子を一緒にして元素と呼びます。水素という元素には^{1}H、^{2}H、

●同位体

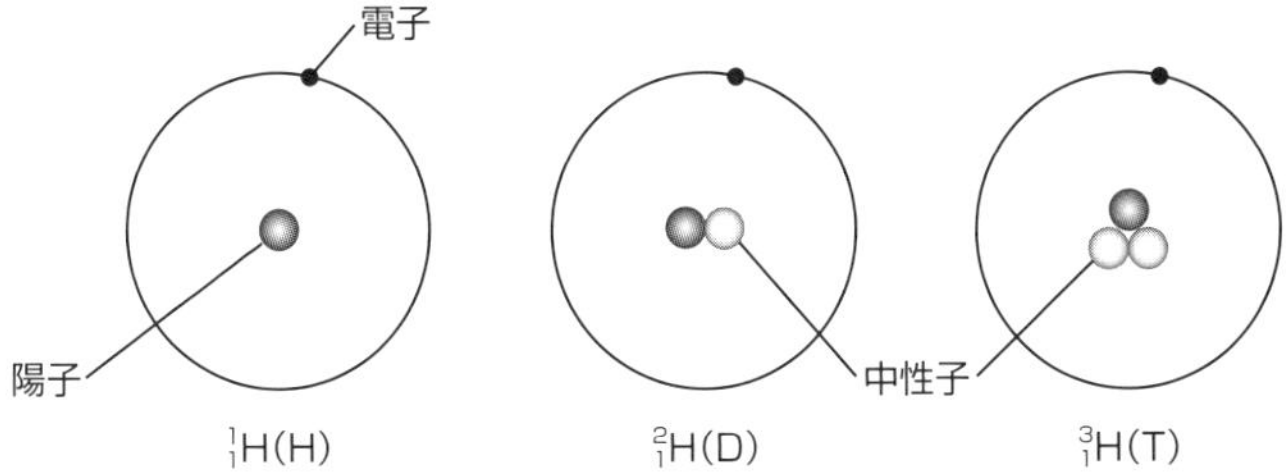

$^{1}_{1}H$(H) (軽)水素　$^{2}_{1}H$(D) 重水素　$^{3}_{1}H$(T) 三重水素

^{3}Hの三種の原子があるのです。全ての元素は同位体を持っていることが知られています。同位体は、ラジウム温泉などの放射性温泉において重要な働きをすることになります。

周期表

宇宙は物質でできていると言ってよいでしょう。そして、ほとんど全ての物質は多数個、多種類の分子が集まったものであり、全ての分子は原子からできています。つまり、全ての物質は空気であれ、人間の脳であれ、全て原子からできているのです。

物質の種類は無数、無限大と言ってよいでしょう。ところが、それを作っている元素の種類はわずか90種ほどにすぎません。これは何も不思議なことではありません。アルファベット26文字で全ての小説が書けることと同じです。

90種ほどの元素を原子番号の順に並べ、適当に折り畳んだ表を周期表と言います。「適当に」と言ったのは、折り畳み方が一様ではないからです。ここで紹介した周期表は「長周期表」というものですが、30年ほど前は「短周期表」が教科書で使われていました。しかし、長周期表にしろ、短周期表にしろ、哲学は同じです。つまり、周期表は元素のカレンダーなのです。

周期表の上には1〜18までの数字が振ってあります。これを族番号と言います。数字1の下に並ぶ6、7個の原子を1族原子と呼びます。14の下の原子は14族原子です。そして、同じ族の原子は互いに似た性質を持ちます。これは日曜日はいつだって楽しく、月曜日はいつだって憂鬱なのと同じです。

簡単ですが、温泉を科学するという本書なら、原子の知識は、この程度で充分でしょう。もっと深い知識が必要になったら、その時にまたご紹介することにしましょう。

●周期表

	1	2	3	4	5	6	7	8	9	10	11	12	13	14	15	16	17	18
1	H																	He
2	Li	Be											B	C	N	O	F	Ne
3	Na	Mg											Al	Si	P	S	Cl	Ar
4	K	Ca	Sc	Ti	V	Cr	Mn	Fe	Co	Ni	Cu	Zn	Ga	Ge	As	Se	Br	Kr
5	Rb	Sr	Y	Zr	Nb	Mo	Tc	Ru	Rh	Pd	Ag	Cd	In	Sn	Sb	Te	I	Xe
6	Cs	Ba	Ln	Hf	Ta	W	Re	Os	Ir	Pt	Au	Hg	Tl	Pb	Bi	Po	At	Rn
7	Fr	Ra	An	Rf	Db	Sg	Bh	Hs	Mt	Ds	Rg	Cn	Nh	Fl	Mc	Lv	Ts	Og

ランタノイド(Ln)	La	Ce	Pr	Nd	Pm	Sm	Eu	Gd	Tb	Dy	Ho	Er	Tm	Yb	Lu
アクチノイド(An)	Ac	Th	Pa	U	Np	Pu	Am	Cm	Bk	Cf	Es	Fm	Md	No	Lr

SECTION 25

宇宙の起源

温泉は私たちに癒しと憩いを与えてくれます。ところで、温泉が持っている癒しと憩いの源は何なのでしょうか?

そのように考えると、温泉は実は宇宙の根源の姿を今に映しているものと言うことができるのです。宇宙では現在も、原子が活発に活動し、変貌しています。その輝きが星の瞬きなのです。

♨ 宇宙の誕生

宇宙は悠久のもの、永遠に続くものと思いがちです。確かに今後は永遠に続くのかもしれません。しかし、永遠に遡ることができるものではありません。宇宙には始まりがあるのです。

はるか昔、世の中には何もありませんでした。ところが突如閃光がひらめいて大爆発が起きました。この閃光によって全てが始まったのです。

神話を語っているのではありません。現代天文学の最先端理論は、このように言っています。この閃光は突如起こった大爆発によるものでした。この大爆発をビッグバンと言います。この大爆発は、いまから138億年前に起こりました。この大爆発によって、私たちが意識する全てのものが誕生したのです。

全てのものというのは、原子、分子、物質などという言葉で表される全ての物資、その物質が持つ質量(重量)、体積、つまり空間、さらには時間です。全てのものはビッグバンから始まったのです。ビッグバンの前には重さも、空間も、時間も無かったのです。このような世界を創造できるでしょうか?

♨ 原子の誕生と成長

ビッグバンによって物質が飛び散りました。ビッグバン以前には質量も体積も時間すら無かったのですから、一体何が飛び散ったのかと疑問に思われるのは当然ですが、その疑問は量子化学の研究者諸氏に向けて頂くことにして、とにかく進めましょう。

飛び散った物質のほとんどは、最も小さい原子である水素原子(元素記号H)でした。多くの水素原子が勢いよく飛び散りました。この水素原子が到達した範囲が宇宙なのです。ですから宇宙は常に止めどなく膨張し続けていることになります。

♨恒星の誕生

飛び散った水素原子は宇宙の中を漂いました。水素原子の霧のような状態です。やがて霧に濃淡が現われました。濃い所では水素原子同士の引力が働き、大きな集団となりました。すると集団の引力によって周辺の水素原子が引き寄せられ、集団は更に大きく、更に濃く、緻密になりました。やがて原子同士の間に摩擦熱が発生し、集団は高温になりました。集団の中央部では何百万気圧、何億度という高温高圧

●ヘリウム原子

$$H + H \rightarrow He$$

の状態になりました。すると水素原子の融合が始まりました。すなわち、原子番号1の水素が2個融合して原子番号2のヘリウム原子Heが誕生したのです。

このように2個の原子が融合する反応を核融合と言います。核融合では核融合エネルギーという膨大なエネルギーが発生します。水素爆弾はこのエネルギーを利用したものです。水素原子の集団はこの核融合エネルギーによって煌々と輝き始めました。これが太陽であり、恒星なのです。宇宙には無数の恒星が誕生し、輝いたのです。

原子の成長

恒星の中では水素の核融合が進行しました。やがて全ての水素原子が核融合し、水素原子は無くなります。するとヘリウムが核融合を始めます。原子番号2のヘリウムが核融合すれば原子番号4のベリリウムBeが誕生します。ヘリウムが残っていた水素と核融合すれば原子番号3のリチウムLiが誕生します。

このようにして、長い時間の間に、周期表に乗っている数々の原子が誕生していきました。すなわち、恒星こそは原子の誕生の地だったのです。しかし、このようにして新しい原子が誕生するのも原子番号26の鉄Feまででした。
鉄は核融合してもエネルギーを生み出さないのです。そのため、全体が鉄になってしまった星は輝きを止め、死んだようになりました。

♨大きな原子の誕生

すると自分の重力で星は収縮を始めました。その収縮は、ものすごいもので、最終的には原子まで収縮し、その結果、電子雲の電子が原子核に潜り込みました。これは陽子と電子が反応して中性子になったことを意味します。つまり、中性子星、ブラックホールの生成です。

そこまでいかない星も、エネルギーバランスを崩して大爆発を起こしました。このときには大量の中性子が発生し、それが鉄原子に注ぎます。この結果、あっという間に鉄原子は大きくなり、この過程で鉄原子に入った中性子は電子を放出して陽子に戻りました。鉄原子より原子番号の大きい原子は、このようにして誕生したのです。つまり、星の消滅が新しい原子の誕生に繋がったのです。

SECTION 26

地球の起源と構造

温泉を考える時、地球の誕生を抜きにして考えることはできません。というよりも、温泉は地球の誕生を今に伝えている生き証人と言ってもよいくらいなのです。それでは、地球はどのようにして誕生したのでしょうか？　地球は惑星であり、恒星である太陽の周りを回る小さな岩石の塊です。このような地球は、どのようにして誕生したのでしょうか？

♨ 地球の誕生

地球がどのようにして誕生したのかについては、いろいろの説がありますが、現在最も有力な説は、原始惑星系円盤説でしょう。

❶火の玉地球の誕生

この説は、宇宙に漂うガスや宇宙塵が集まって固まり、小さな微惑星の群が形成されたというものです。さらに、この微惑星が衝突を繰り返しながら成長し、原始惑星に成長し、その後、惑星が形成されたという説です。

地球の誕生は46億年前と考えられていますが、誕生直後の地球は微惑星がひっきりなしに衝突し、その衝突エネルギーで暖められ、地球はマグマの海と呼ばれる溶岩が一面に広がる状態、いわゆる「火の玉」状態だったと考えられています。

❷大気の分化

地球は構成物質などから、地圏、大気圏など複数の「圏」に分けることができます。これらはどのようにしてできたのでしょうか。

誕生時には一体となって混在していた構成物質は時間が経つにつれて段階的に分離し、何層もの圏からなる地球という構造物が確立されました。

最初に分離したのは気体成分です。衝突する微惑星からガス成分が分離し、原始大気が形成されました。これは地球の直径が現在の1／5程度の時点で始まったと考えられます。その主な成分は水蒸気と一酸化炭素COでした。

微惑星の衝突が一段落し、それまでに溜まった衝突エネルギーも宇宙空間に放出され、45億年前には、火の玉地球も温度が冷えました。その結果、水蒸気が凝縮して水となって地上に降り注ぎ、海が形成されました。太古の海は200℃を越える温度にありましたが、気圧は数十気圧もあるため、水は蒸発することなく液体のまま存在したのです。

❸ 地下の分化

分化が起こったのは気体だけではありませんでした。地球本体でも分化が進行していました。火の玉地球では全ての鉱物は溶けてドロドロの溶岩状態です。このような状態では重い（比重の大きい）成分は重力によって下に沈み、軽い（比重の小さい）成分は上に浮きます。このようなことから鉄Fe（比重7・9）、ニッケルNi（8・9）などの重い元素は地球の中心部に行き、反対にケイ素Si（2・3）やアルミニウムAl（2・7）のように軽い元素は地表に浮かび上がりました。このようにして地殻の原初的なものができたと考えられます。

❹ 大陸の形成

やがて藍藻類（シアノバクテリア）が大発生し、二酸化炭素を吸収して酸素を放出するようになりました。二酸化炭素の減少によって温室効果が抑えられ、地球は液体の水が広く表面を覆う惑星となりました。39億年前頃には微惑星の衝突も収まり始め、地球環境の変動も穏やかとなりました。この頃に、地球内部でコアとマントルの分化が起こったものと考えられます。

大陸の形成も、この頃には始まったと考えられています。当初は島程度の大きさだった大陸も成長して大きくなり、いくつもの大陸が移動して互いにぶつかり合うプレートテクトニクスは少なくとも27億年前には造山活動を行うまで稼動していたものと思われます。

♨ 地球の構造

図は地球の断面図です。成層圏、対流圏という空気の層を除いた地球本体は、表面から内部に掛けて地殻、マントル、外核、内核という4つの層に分けることができます。

❶地殻

地殻は、地球の内部で私たちが実際に触れることのできる部分であり、地球が固体となっている部分です。温泉は、この地殻で発生する自然現象の一つなのです。

地殻は、ケイ素Siを主成分とした岩石です。地殻に存在する元素で最も多いのは酸素Oです。酸素はほとんど全ての元素と結合して酸化物となります。ケイ素も地殻では二酸化ケイ素SiO_2として存在しますが、その重さの53%は酸素の重さです。このような理由によって地殻では酸素が多いのです。

地殻の厚さは30㎞ほどあります。ところで地球の直径はほぼ1万3000㎞です。それに対して30㎞というのは、どの程度の厚さなのでしょうか？ 実感するためには、

●地球の構造

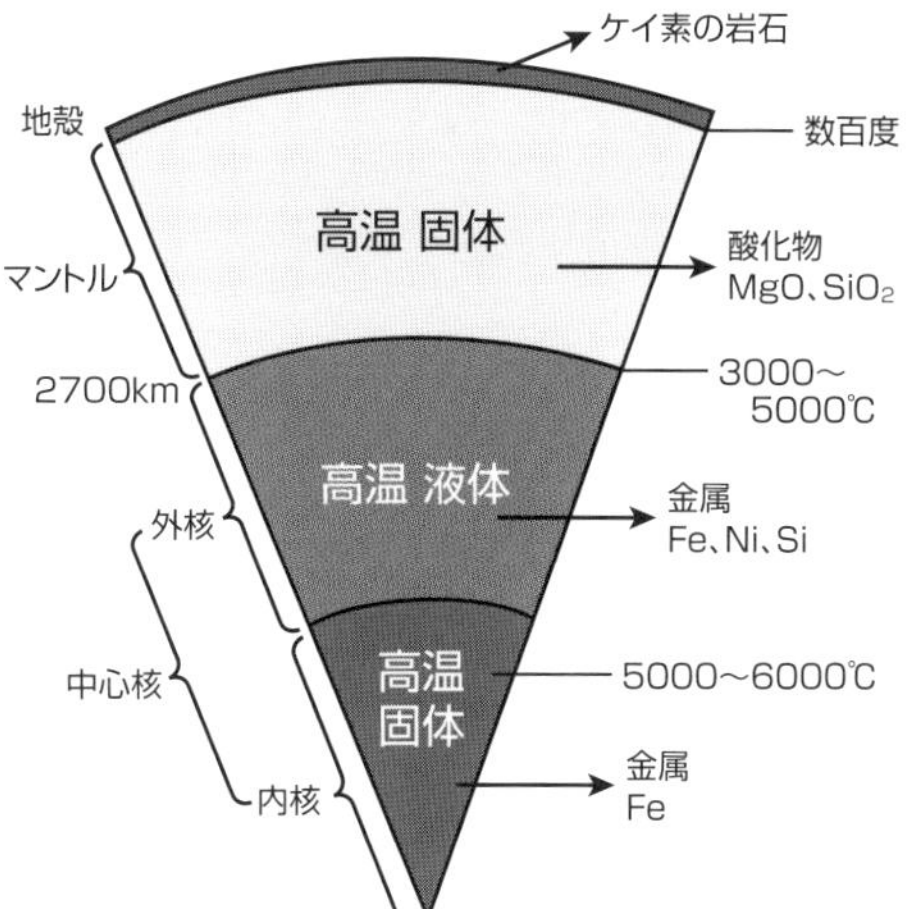

それぞれを縮尺して見ることとです。地球を直径13㎝の球としましょう。すると30㎞は0・3㎜になります。つまり、地球をリンゴとすると、地殻はリンゴの皮ほどの厚さしかないということです。

地殻は、いわゆる大地と呼ばれる部分であり、文学的にはよく「冷たい大地」などと表現される部分です。文学はともかく、地殻は地球では最も温度の低い部分です。

とは言うものの、地殻も深くなればなるほど高温になり、マグマとの境界付近では数百℃という高温になります。そして所々では1000℃を越える温度になります。このような所では岩石は溶けてドロドロの溶岩、つまりマグマとなっています。このような部分をマグマ溜まりと呼びます。

❷ 地球内部

地殻の下はマントルです。ここではケイ素やマグネシウムMgなど各種の金属酸化物が高温の固体となっています。マグマの下は中心核と呼ばれる部分ですが、ここは外核と内核に分けて考えます。外核は温度3000~5000℃の高温であり、鉄Fe、ニッケルNi、ケイ素Siなどが溶けてドロドロの液体になった状態で存在します。

地球の中心部分は内核と呼ばれます。ここの温度は5000～6000℃であり、太陽の表面温度とほぼ同じと言われます。主成分は鉄です。

ただしここは圧力がものすごく高いので成分は押し固められて固体状態になっていると考えられています。

❸ 地球の成分

地球はいろいろの元素から構成されており、その組成は前で見た通り地球の部分によって異なります。図に各部分の元素組成を示しました。空気の主成分が窒素N_2と酸素O_2であることはよく知られています。また、海水に溶けている主成分は塩（塩化ナトリウム）NaClであり、その濃度はおよそ3％となっています。

●地球の大気の成分

気体	化学式	濃度
窒素	N_2	78%
酸素	O_2	21%
アルゴン	Ar	0.90%
水蒸気	H_2O	0.50%
二酸化炭素	CO_2	360ppm

●海水に含まれる主要なイオン

成分	化学式	濃度
塩化物イオン	Cl^-	1.8980%
ナトリウムイオン	Na^+	1.0556%
マグネシウムイオン	Mg^{2+}	0.1272%
カルシウムイオン	Ca^{2+}	0.0400%
カリウムイオン	K^+	0.0380%

しかし、地球を構成する主要元素は意外と知られていないのではないでしょうか？

それは表に見る通りです。地球の全重量のうち32％は鉄の重量なのです。地殻中では5％に過ぎない鉄が、地球全体で見ると32％というのは驚くばかりです。つまり、地球は重さから言ったら決して「水の惑星」ではなく、「鉄の惑星」と言うべきものなのです。あるいは、地球全体にも、気体中にも酸素が多く、しかも地球上の生命体を支えているのは酸素なのですから、酸素の惑星と言ってもよいのかもしれません。

●地球の成分

全地球		存在量	地殻		存在量
鉄	Fe	32%	酸素	O	47%
酸素	O	30%	ケイ素	Si	28%
ケイ素	Si	15%	アルミニウム	Al	8%
マグネシウム	Mg	14%	鉄	Fe	5%
硫黄	S	3%	カルシウム	Ca	4%

地球の熱源

ここまでの話で、地球の内部温度があまりに高いので驚いた方も多いのではないでしょうか？　太陽が熱い火球であることはよく知られていますが、地球の中心部の温度は太陽の表面温度とほぼ同じなのです。地面を深く掘ると熱くなるのは経験的によく知られています。

♨ 高温の理由

札幌近郊の定山渓温泉の近くにある豊羽鉱山では、以前レアメタルのインジウムが産出されました。そのため、１９９９年には日本は世界一のインジウム輸出国でした。ところが２００６年、この鉱山は閉山されました。それはインジウムの鉱脈が地下６００ｍもの深さになったからです。つまり、この深度では岩盤の温度が高くなり、鉱石を採取するための爆破に使うダイナマイトが自然発火してしまうのです。これでは危険で鉱物の採取などできるはずもありません。

このように、地球の内部は高温になっているのです。なぜ地球の内部は高温になっているのでしょう？　よくある答えは、「地球が誕生した時には地球はドロドロに溶けた溶岩の塊だった。その時の温度が残っているのだ」というものです。しかし、考えてみてください。地球が誕生したのは46億年も前の話です。宇宙空間に放り出された地球というちっぽけな個体がたとえどんなに熱くても、46億年の間には熱は全て宇宙空間に放出され、今頃には冷え切った石の塊になっていたことでしょう。

地球が現在も熱く、まるで生きているように活発なのは、誕生時の温度のせいでも、太陽が送ってくる熱や光のエネルギーによるものでもありません。地球が熱いのは原子核反応のおかげなのです。

原子核の大きさと重さ

原子は化学反応を起こして分子を作ります。このような化学反応に関与するのは、原子を構成する物質のうち、電子に限定されます。

先に見たように原子は中心にある小さくて重い原子核と、それを取り巻く大きくてほとんど重さの無い電子雲からできています。原子核の直径は電子雲の直径の1万分の1程度です。つまり、原子の直径を100mとしたら原子核の直径は1㎝ほどなのです。つまり、東京ドームを2つ貼り合わせた巨大などら焼きを原子としたら、原子核はピッチャーマウンドに転がるビー玉のようなものなのです。そして、原子の質量（重さ）の99.9％は原子核が占めています。

普通の化学反応に関与するのは電子雲だけなのです。原子核は一切関与しません。

♨ 放射線、放射性物質、放射能

原子核の反応というと直ぐ出てくるのは放射線、放射性物質、放射能という言葉です。原子核反応を見る前に、このような言葉の意味を見ておきましょう。これはラジウム温泉などを見る際にも非常に重要な言葉なのです。

❶ 放射線

原子核反応に伴って放射される微小な高エネルギー粒子、あるいは高エネルギーそのもののことです。主な放射線は次のものです。

・α(アルファ)線……ヘリウム原子核^{4}Heが高速で飛び回るものです。大変に危険ですが、紙1枚や皮膚で遮蔽されます。
・β(ベータ)線……電子が高速で飛び回るものです。
・γ(ガンマ)線……高エネルギーの電磁波で、レントゲンを撮るX線と同じものです。紫外線のようなものですが、紫外線よりはるかに高エネルギーです。
・中性子線……中性子が高速で飛び回るものです。遮蔽するのが困難ですから大変に危険です。

❷ 放射性物質

放射線を放出する物質です。具体的には原子(元素)なので放射性元素と言うこともあります。また、同じ元素でも、同位体によって放射性であったりなかったりするので、特定の同位体を指定する意味で放射性同位体と言うこともあります。

例えば水素原子Hには^{1}H、^{2}H、^{3}Hの3種の同位体がありますが、放射性なのは^{3}H（β線を放射）だけです。

❸ 放射能

これは物質を表す言葉ではありません。物質が放射線を放射することのできる能力を表す言葉です、したがって全ての放射性物質は放射能を持つことになります。

これらの言葉の関係は、野球のピッチャーとバッターの例えで表すことができます。放射線はピッチャーの投げるデッドボールです。当たったバッター（被害者）は怪我をします。ピッチャーは放射性物質です。そしてピッチャーを務めることのできる能力が放射能なのです。ですから「放射能の被害を受けた」という言い方はおかしいことになります。正確には「放射線の被害を受けた」というべきでしょう。

♨原子核反応の種類

原子核も反応することがあります。原子核の反応を原子核反応と言い、主に3つの種類があります。それは核融合、核分裂、そして原子核崩壊です。

❶核融合

先に見たように小さい原子核が融合して大きな原子核になる反応です。放射線とともに莫大な核融合エネルギーを発生します。太陽のような恒星で起こっている反応です。地球上の自然界で起こることはありません。人類は水素爆弾として実現しました。核融合炉として電力の発生に役立てようと研究していますが、実現にはこの先数十年かかると言われています。

❷核分裂

大きな原子核が分裂して小さな原子核になる反応です。各種の放射線と大量のエネルギーが放射されます。地球上の自然界で起こることはありません。人類は原子爆弾として実現し、原子炉として電力発生に利用しています。人類が核分裂に利用する原子核は現在のところ、ウランU、プルトニウムPu、トリウムThです。

原子核崩壊

3種の原子核反応のうち、原子核崩壊だけを大きな項目として取り上げたのは、この反応が温泉、つまり地熱に直接関係しているからです。原子核崩壊は地球上の自然界で起こり続けています。それだけではなく、私たちの体の中ででも起こり続けているのです。原子核崩壊というのは、原子核が放射線を出して他の原子核に変化する反応です。もちろん、この反応に伴ってエネルギーも放出されます。主な反応をあげてみましょう。

① $^{3}\mathrm{H} \rightarrow {}^{3}\mathrm{He} + \beta$

② $^{14}\mathrm{C} \rightarrow {}^{14}\mathrm{N} + \beta$

③ $^{40}\mathrm{K} \rightarrow {}^{40}\mathrm{Ca} + \beta$

④ $^{226}Ra \rightarrow {}^{222}Ln + \alpha$

⑤ $^{222}Ln \rightarrow {}^{218}Pb + \alpha$

　この反応においてα、βとあるのはそれぞれα線を放出するα崩壊、β線を放出するβ崩壊であることを示します。原子核崩壊でβ線が出るのは中性子が電子（β線）を出して陽子に変化するからです。そのため、原子はβ崩壊すると質量数は変化しませんが原子番号が1だけ増加して他の原子（周期表で右隣の原子）に変化することになります。

⑥ $^{1}n \rightarrow {}^{1}p + \beta$

　また、α線はヘリウム^{4}Heの原子核ですから、原子はα崩壊すると質量は4だけ減少し、原子番号も2だけ減少することになります。

地熱の原因

前に示した①～⑥の反応を起こす水素H、炭素C、カリウムK、は全ての生物体に含まれる普通の元素です。ラジウムRaも地中に普通に含まれる元素です。そしてこれらの元素にはそれぞれ一定の割合で放射性同位体^{3}H、^{14}C、^{40}K、^{226}Rnが含まれていて、常に原子核崩壊を起こしています。

自然界と原子核崩壊

つまり私たちの体の中、あるいは地球の内部には原子炉があるようなものなのです。地中にあるラジウムは崩壊してラドンRnになりますが、Rnはさらにα崩壊して鉛Pbになります。ラドンは気体元素であり、水に溶けやすい性質です。そのため、地下室に充満したり、地下水に溶けたりして地上に現われます。これがラジウム温泉の正体であり、ラジウム温泉では必然的にα線が生じていることになります。

α線はヘリウムの原子核です。これが電子を獲得したらヘリウム原子となります。

ヘリウムは空に舞い上がる風船に入っている気体です。それだけでなく、ヘリウムを冷却して液体にした液体ヘリウムは、脳の断層写真を撮るＭＲＩやリニア新幹線を稼働させるための超伝導磁石を稼働させるための必需品です。ヘリウムはアメリカの油田のような地下から採取します。これは、ヘリウムが地下で起こったα崩壊によって生じていることの証明になります。

♨原子核崩壊と地熱

地球の内部には、このような放射性元素がたくさん存在しています。それらの元素が一時も休むことなく崩壊し、その都度エネルギーを放出しているのです。地球の内部では、その熱が蓄積され、何千℃という高温になっているのです。

原子核反応と言うと怖いイメージが先に立ちますが、私たちが温泉に入れるのは原子核反応のおかげなのです。それどころか太陽の熱と光を享受し、それを用いた光合成によって生じた植物を食料とし、草を食べて成長した動物を食料とすることができるのも原子核反応のおかげなのです。

Chapter. 7
温泉の分布

SECTION 28

温泉分布と地球の構造

日本においては、温泉はいたるところにあると言ってよいでしょう。少し車を走らせれば温泉地があり、時間を気にせず1、2時間車を走らせれば次の温泉地が現われます。とはいうものの、日本全国で見た場合、温泉地の現れる頻度に差はあるのではないでしょうか。温泉地の多い県、少ない県はありそうに思えます。まして、世界全体で見た場合、温泉地の多い地方と少ない地方はあるのではないでしょうか。シベリアのツンドラ地帯で、オーロラに圧倒されて温泉に身を沈めるなどというのは、宇宙に生きる身として最高の幸せの瞬間でしょう。

日本の温泉分布

日本では、３０００カ所を超える温泉地があり、日本のいたるところで温泉が湧出しています。

❶ 火山フロント

プレートテクトニクスの理論に従えば、火山フロントはフィリピン海プレートと太平洋プレートが衝突することによって生じた環太平洋火山帯に存在し、その中でもとくに火山活動が活発な地域に相当します。

太平洋プレートが日本海溝や南海トラフへ沈み込むのにしたがって、上部マントルには、沈み込んだプレートが不純物として混じり込みます。その結果、固体である上部マントルの下部は融点降下をおこして部分的に溶融します。これがマグマの発生原因と考えられます。

そして、マグマが地表に噴出したものが火山となります。火山地域が現れるラインを結んだ線を火山フロントと言いますが、これは海溝のラインと平行に分布していることがわかります。これは未だ若い理論であるプレートテクトニクスを補強する事実とみなされています。火山フロントは概ね、プレートの沈み込みの深さである100㎞にあります。

❷温泉分布

下の図は日本における温泉分布です。１９９０年ころの日本の温泉地で、泉温が25℃以上のものを示してあります。

　この図を見ると温度分布には地域性があり、とくに25℃以上の温泉の分布は火山フロントと重なり合うことがわかります。これは、これらの温泉が火山の地熱によって発生したものであることを示します。しかし、それ以外の温泉もあります。

・火山性温泉

　大規模な温泉地の多くは比較的新しい地質時代の火山地域に分布しており、これらの温泉は火山活動と関係が深いことから「火山性温

●日本の温泉分布図と火山の関係

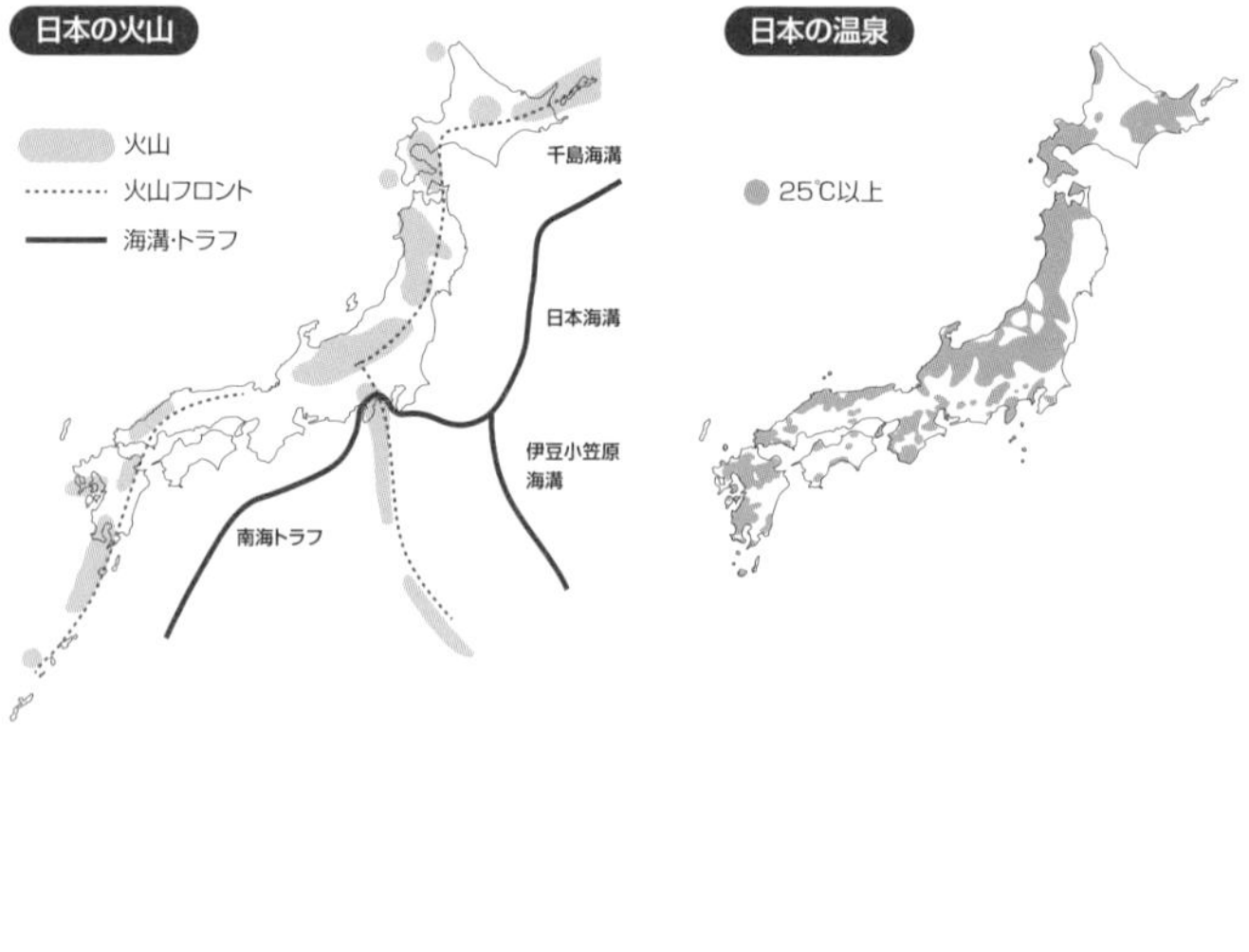

泉」と呼ばれます。

ニセコ（北海道）、酸ケ湯《すかゆ》（青森）、玉川（秋田）、那須（栃木）、箱根（神奈川）、別府（大分）、雲仙（長崎）などが火山性温泉として知られています。とくに知床、西南北海道、東北脊梁地帯の温泉の周辺、伊豆及び山陰日本海側には高温泉が比較的集まって分布しています。

・非火山性温泉

最近、都市部に1000m以上の大深度温泉の掘削が盛んに行われています。これらの温泉は地下深くに向かうにつれて地温が上昇することにより温められた地下水を温泉として利用しているものです。

先に見たように、地下は深く掘れば掘るほど熱くなります。これは火山の影響ではなく、地球の層状構造に由来するマントル層の熱によるものです。この種の温泉は火山活動と無縁なことから、「非火山性温泉」と呼ばれています。

♨世界の温泉分布

下の図は、世界の温泉分布です。この図によれば、温泉は世界各地で湧出していますが、その分布にはかたよりがあることがわかります。

❶造山帯に基づくもの

地球上には、「環太平洋造山帯」と、「地中海ヒマラヤ造山帯」という2つの大きな造山帯があります。これらの地帯では、古い地質時代から繰り返して造山活動が起こり、それに伴って生じた断層や大きな地質構造線に沿って火山が噴出し火山帯を形づくっています。当然、これらの地帯では大地震が発生することが多いので一大地震帯ともなっています。

●世界の温泉分布図

地球上で温泉の多い所として知られている日本、ニュージーランド、北アメリカのカリフォルニアなどは、環太平洋造山帯に基づく火山帯の中にあり、アイスランド、ドイツ、フランス、イタリアなどは、地中海ヒマラヤ造山帯に基づく火山帯の近く、又は延長線上と思われるところにあります。

つまり、地球上の温泉の多い所、すなわち「温泉帯」は、造山帯や火山帯と一致しているということができます。とくに、南北アメリカ、ニュージーランド、中国、韓国などアジア諸国において温泉が湧出しているのはこれらの地域が、火山活動が活発で地殻運動が続いている新期造山帯であることを意味します。

❷それ以外に基づくもの

アフリカ東部の地溝帯に沿う地域にも温泉が見られますが、これらも古い時期の火山活動に関係しているものと考えられます。

火山があまり見られないアジア大陸の内陸部などにも温泉の湧出が見られますがこれらはマントルに由来するものと考えられます。

氷河時代の遥か昔、この地域は緑豊かな地帯だったと思われます。その頃に降った雨が地下に浸み込み、岩石の割れ目を伝って何百メートルも深い地下に潜った結果、マントルの地熱によって温められ、比重が小さくなった結果、再び上昇して地表に温泉として顔を出したのでしょう。

このような水は、いわば水の化石です。限りある貴重な資源と言わなければなりません。無駄に浪費することの無いよう、今から対策を立てて置く必要があるのではないでしょうか。

SECTION 29

源泉の数とその推移

日本ほど温泉の多い国も、温泉が好きな民族が揃った国も無いのではないでしょうか。日本に温泉が多いのは、温泉の湧き出す場所（泉源）が多いということもあるでしょうが、同時にそれを見つけようという努力が多いこともあるのではないのかという気がします。

♨ 泉源の数

日本全国に存在する泉源の数は２０１５年度で2万７７００カ所以上です。都道府県で平均すると1県あたり60カ所ほどになります。次ページのグラフで見るように、泉源の数は２００５年度までは上昇傾向にありますが、それ以降は頭打ちのようです。

❶未利用泉

このうち、すでに温泉として利用されているものは63％程度であり、残りは利用されないまま放置されています。この背景には最近のボーリング技術の発達があるものと思われます。

大深度まで掘ることができるようになったことで、とにかく掘ってみたところ、首尾よく温泉は出たものの、資金や地の利の関係で多額の投資をして温泉として開発しても、資金の回収のめどが立たないということでそのまま放置されたものと見ることができるでしょう。

❷温泉地元の取り組み

●日本全国の泉源総数

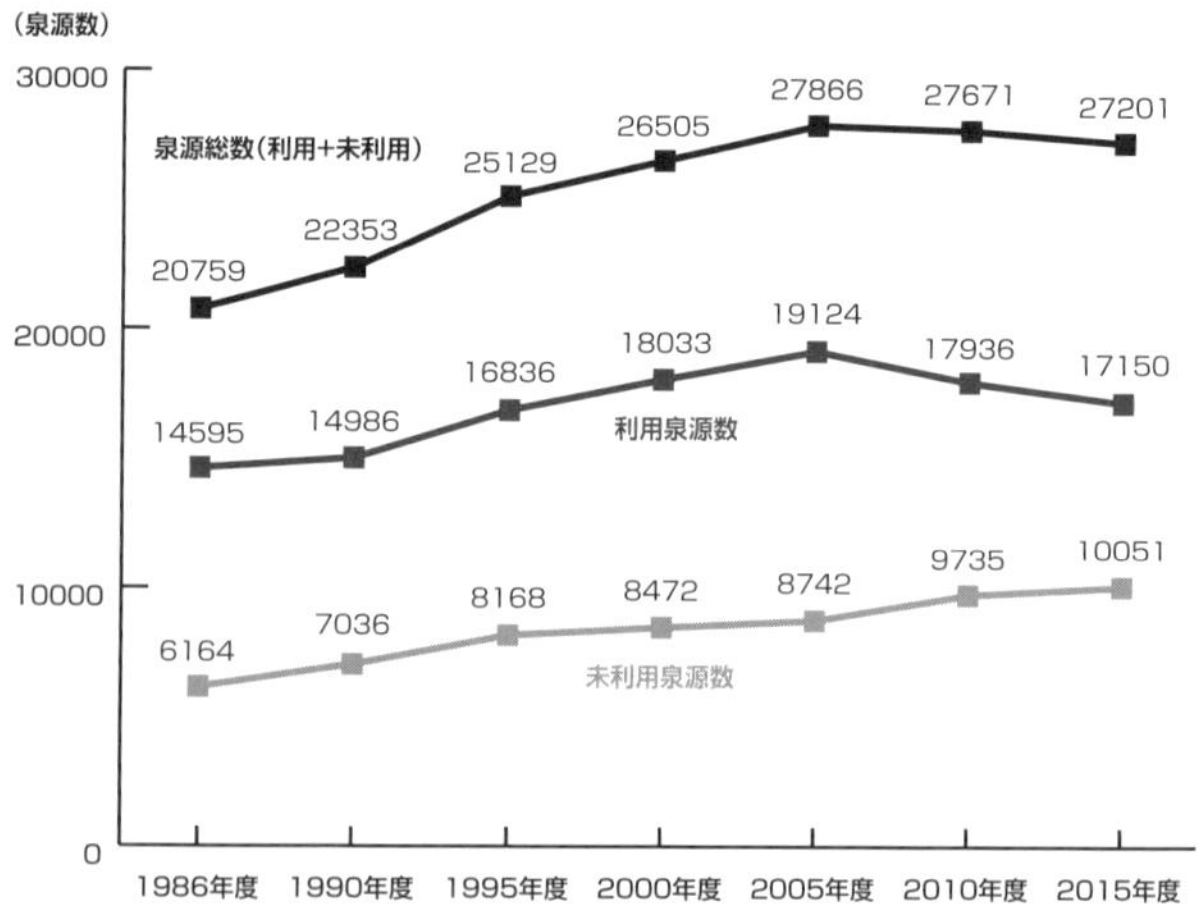

※日本温泉総合研究所 日本の温泉地データ参照

源泉の数を見ると圧倒的に多いのは、やはり温泉王国と言われる大分県です。大分県では泉源の80％は温泉施設として利用されています。しかし、2位の鹿児島県では利用率は46％と一挙に落ちます。半分以上の源泉が利用されていないのです。これには温泉地としての知名度が関係しているものと思われます。県全体としての集客能力が表れているのではないでしょうか。

長野県（72％）、福島県（56％）などが多いのは宣伝効果によるものであり、栃木県（68％）が多いのは都心に近いということが有利に働いたのかもしれません。

●各地の泉源数

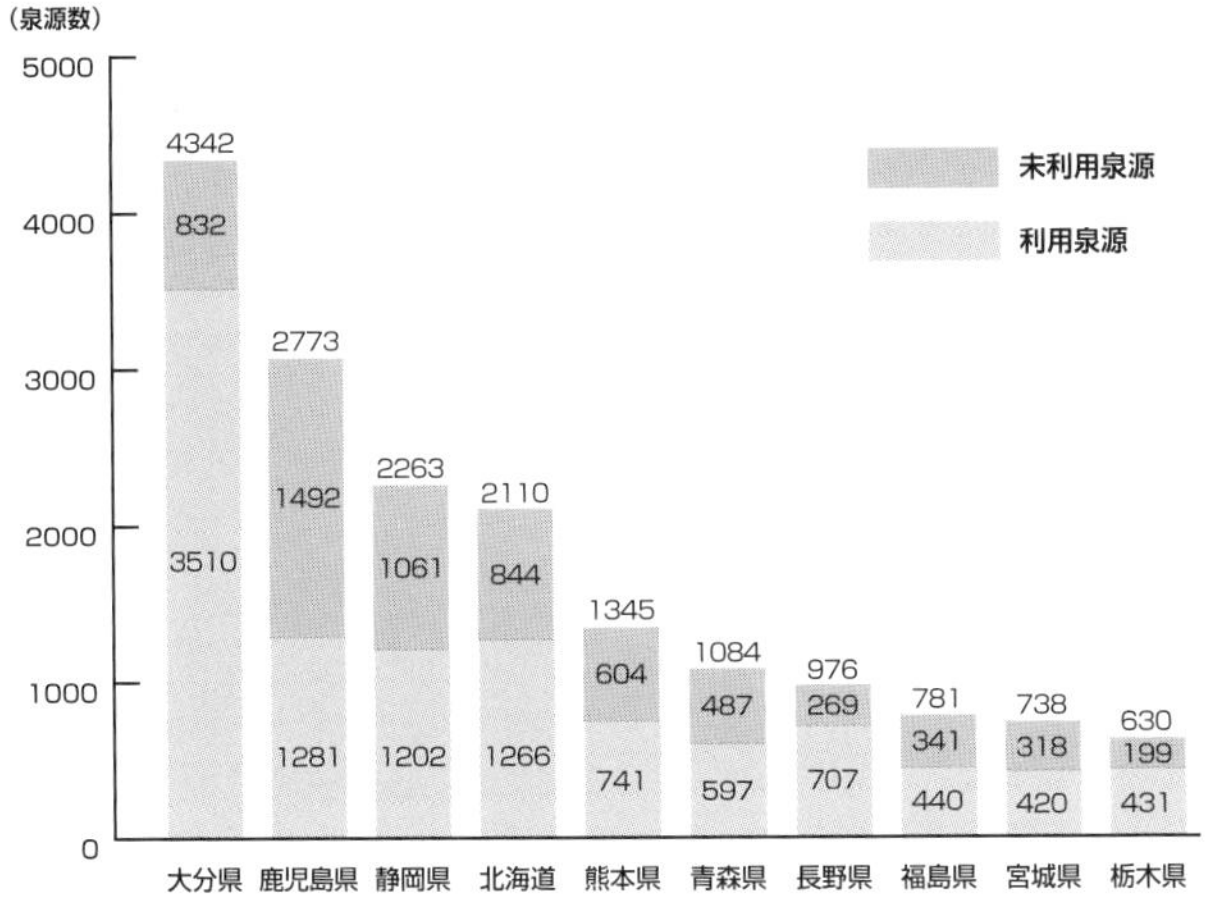

♨湧出量

図は日本全国における温泉の湧出量のデータです。ここでもまた２００５年度まで上昇し、それ以降は頭打ちなっていることがわかります。つまり源泉の数の推移とほぼ同じになっています。ということは、温泉はボーリングによって掘れば掘るほどお湯が出てくる、という青天井状態であることを示すものなのかもしれません。

❶自噴泉の減少

しかし、湧出量の内訳をみると、もう少し細かいことがわかります。つまり、

●日本全国の温泉の湧出量

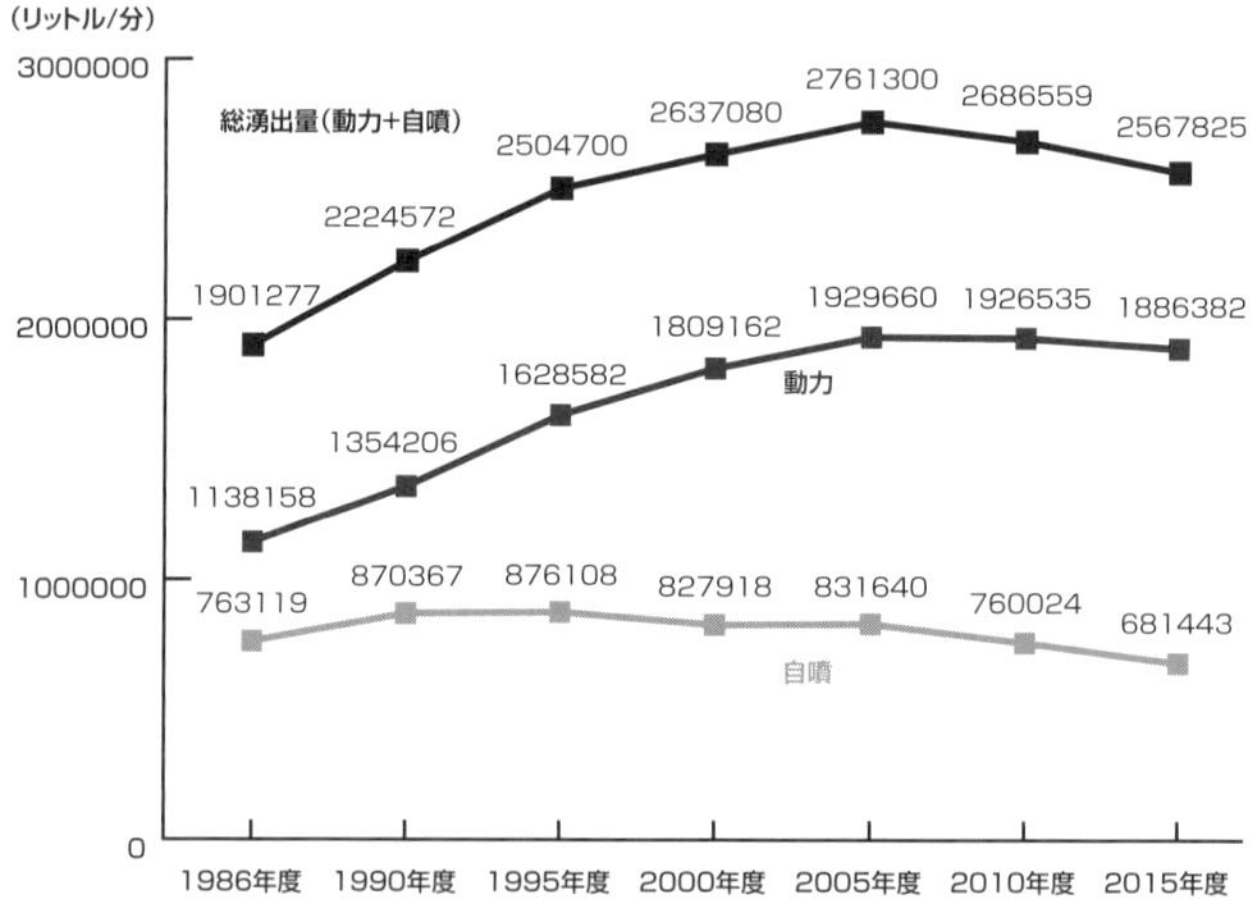

温泉が自ら吹き上げる自噴量をみると、１９９５年辺りからは減少傾向にあるのです。これは言ってみれば日本古来の温泉の元気が無くなってきつつあると言うことなのかもしれません。

それを補うのが動力による汲み上げ方式です。言うまでも無く、これは最近活発な大深度ボーリングによる深層地下水のくみ上げによるものでしょう。温泉が、自然に湧き出す自然の恵みと言われた時代からは変わりつつあるということなのかもしれません。

❷汲み上げ方式の増加

各県ごとの湧出量を見ると、先の源泉

●各地の温泉の湧出量

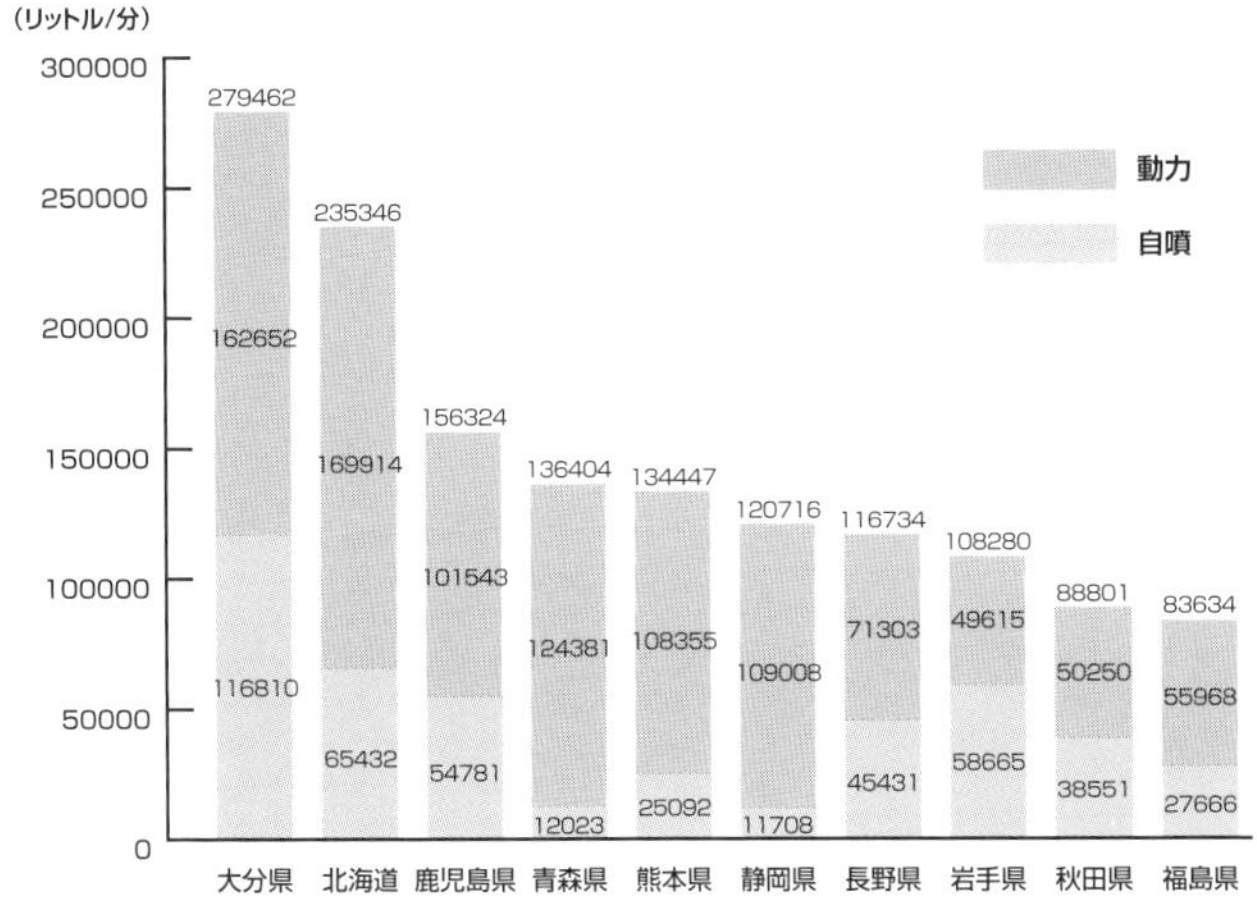

の個数の傾向とは違うことが分かります。つまり、源泉の個数から言うと「①大分、②鹿児島、③静岡、④北海道、⑤熊本」でしたが、湧出量から言うと「①大分、②北海道、③鹿児島、④青森、⑤熊本」となり、北海道が大きく躍進しています。

しかし、その増進に大きく貢献しているのは動力による汲み上げ方式です。北海道の温泉全体で見ると、自噴量はなんと40％ほどにすぎないのです。60％は動力による汲み上げ方式によるものです。静岡県にいたっては、自噴量は10％に満ちません。

いまや温泉は、山あいの泉から湧き出すものではなくなっているのです。多くの温泉は山あいに穴を掘ってエンジンの音をゴーゴーと響かせてお湯を組みだしているのかもしれません。温泉のイメージも変わって来るかもしれません。

SECTION 30

温泉地の数の推移

温泉地というのは、源泉を中心にして各種の温泉関連施設がまとまって存在する地域を言います。つまり何軒かの宿泊施設、何軒かのお土産店、何軒かの遊興施設のある一帯のことです。温泉地は1つの源泉からなる場合もありますし、いくつもの源泉を持った大きな温泉地もあります。

温泉地の数

●日本全国の温泉地の数

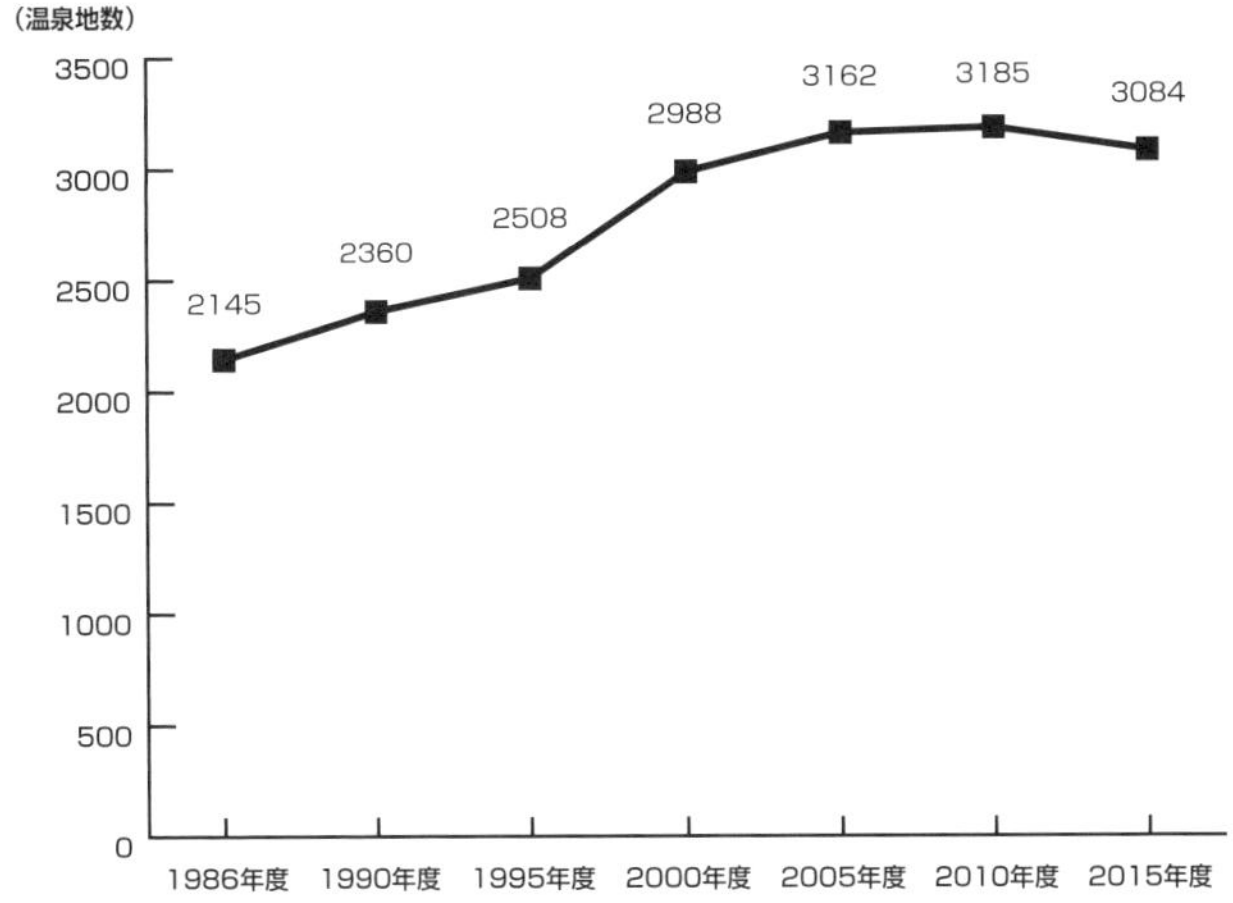

図は日本における温泉地の個数をまとめたものです。温泉地という場合には、温泉地の規模はとくに問題としません。たとえ旅館が1軒しかなくても1施設とします。

この数もまた2005~2010年を限度として頭打ちです。県別にみると、先に見た源泉数や湧出量の値とは違った分布を示すことに気づきます。つまり、静岡県や長野県、新潟県などが多いのです。源泉数の少ない長野県や新潟県に温泉地が多いのはどういうことでしょう?

しかも、源泉数、湧出量では、これまでのデータで出てこなかった新潟県の躍進ぶりは特記に値します。

●各地の温泉地の数

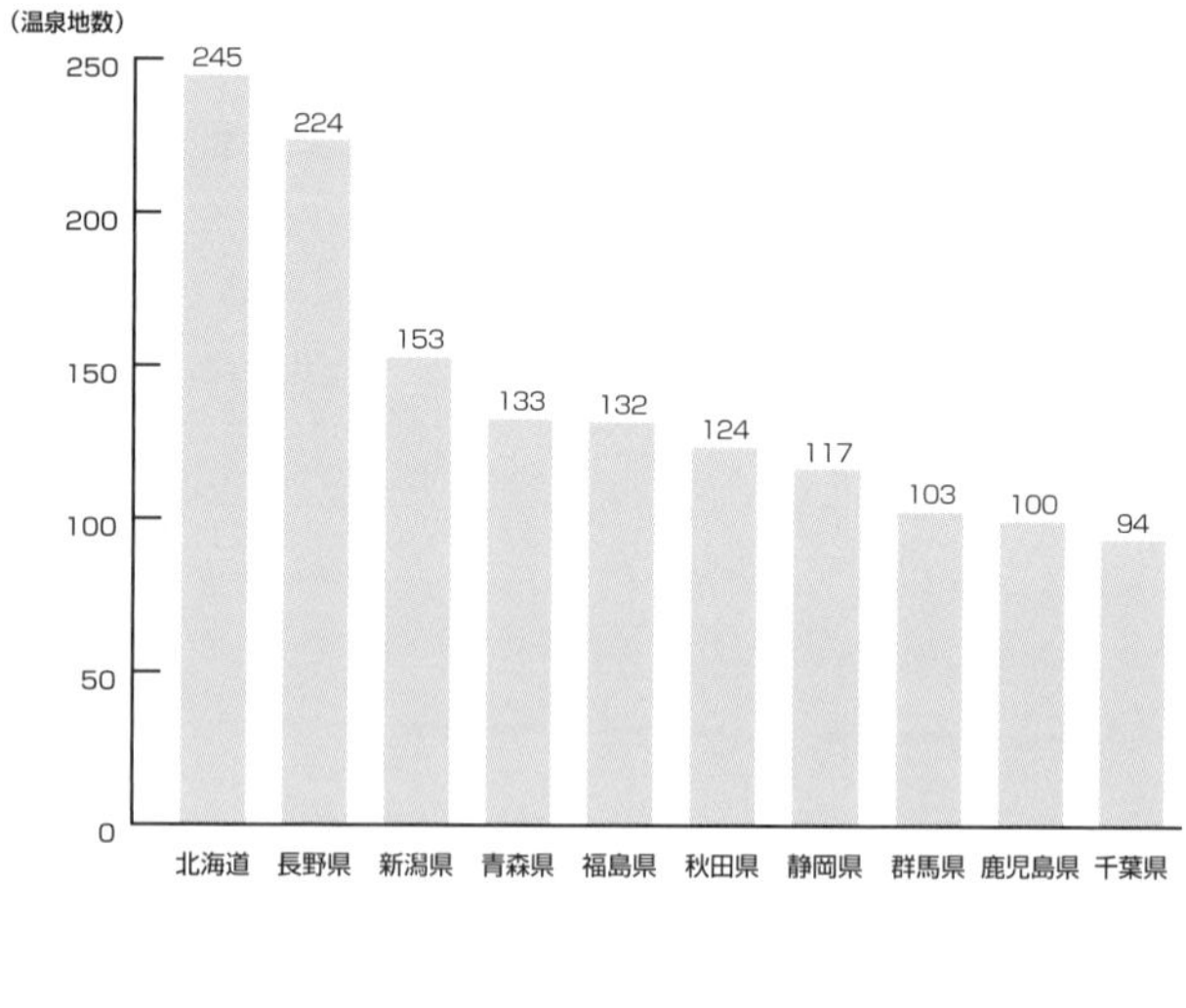

これは、これらの県では小規模の温泉が多いということを示すものです。大型観光バスで乗り付ける団体客を目当てにする温泉と、昔ながらのひなびたとは言わないまでも、心の通ったもてなしが喜ばれる風潮の温泉の違いと見ることができるかもしれません。あるいはまた、これらの地方では昔ながらの「湯治」の概念が残っており、「温泉＝宿泊」と考えられているのかもしれません。

SECTION 31

温泉宿泊者数の推移

棒グラフは日本の温泉施設に宿泊した人の延べ人数を県ごとに表したものです。

有名温泉地

グラフによれば、宿泊者数では北海道が最も多くなっています。2位は静岡県です。その一方、温泉県として有名な大分県は北海道の半分にもなっていません。そもそも大分県以下は石川県にいたるまで、まるでドングリの背比べ状態です。

●日本全国の宿泊者数

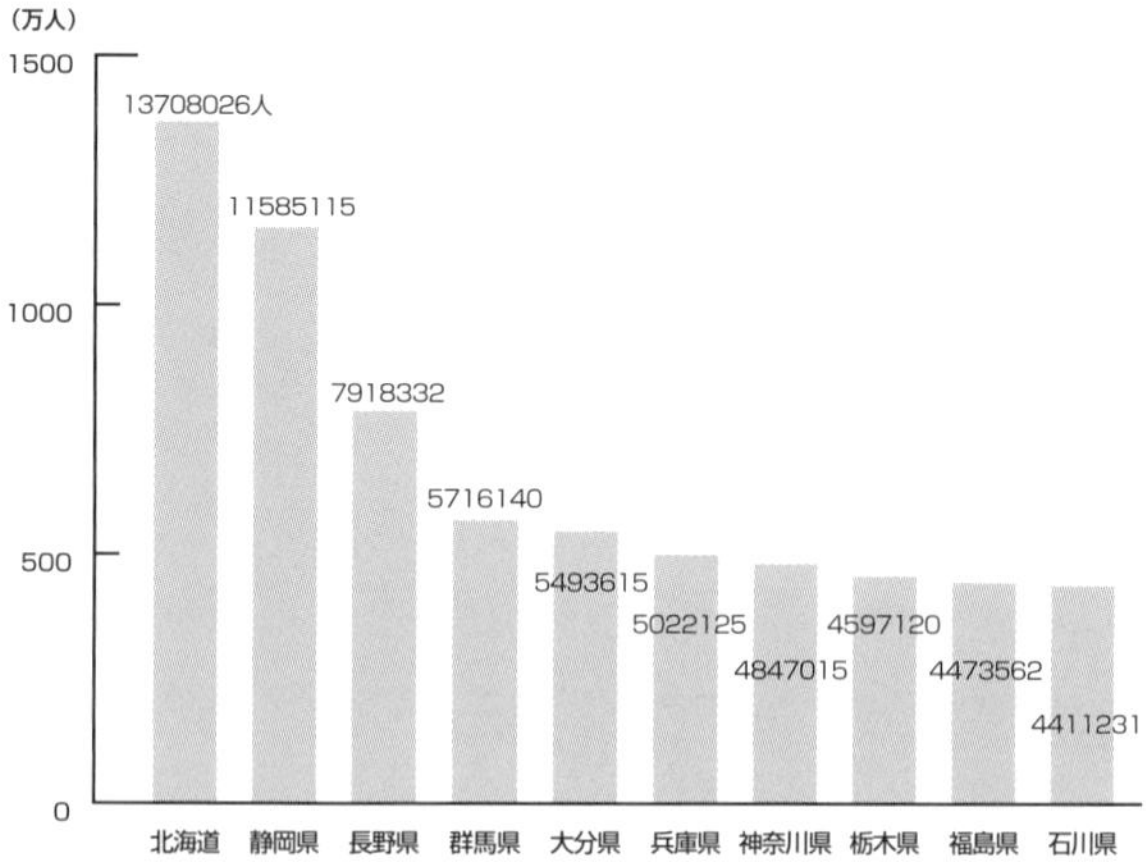

少なくとも、各県の集客能力を比較すると、いわゆるかつての温泉有名県の凋落ぶりが目に見えるようです。それにしても北海道を除けば、東京、大阪など大都市圏に近い温泉地の集客能力が高いことがわかります。

残念ながら、客は遠方の有名温泉地より、近い手ごろな温泉地を求めているということなのかもしれません。海外旅行が身近になった昨今、有名温泉を求めて国内を遠くに行くよりも、海外に行ってしまうということなのでしょうか。

♨ V字回復

次ページの図の折れ線グラフは宿泊者数の経年変化を表したものです。1990年頃をピークにして漸減傾向にあります。そして2005年から急激に減少します。ところが2010年からはまた急激に、まるでV字型に回復する不自然な変化をみせています。これは何を意味するのでしょうか？その理由の1つに各県の危機意識と、それをバネにした復活の努力をあげることができるでしょう。さらに穿った見方をすれば、2008年に襲ったリーマンショックの現れと見ることもできるかもしれません。

予期しなかった突然の経済不況によって庶民の財布の紐は硬く締められました。そのような中で、ささやかなレクリエーションとして国内旅行、温泉旅行が見直されたのかもしれません。

　しかし、このような消極的な理由による回復では長期に保持できるとは思えません。もしかしたら早晩逆V字型の凋落が現われるのかもしれません。しかし、日本人のDNAの中には温泉好きが植えつけられているのかもしれません。だとしたら、一時のバブルに踊った頃の無国籍の大規模リゾートホテル形式とは違った、伝統に根差した真心のこもった温泉の復活を願うこともできるのかもしれません。

●宿泊者数の経年変化

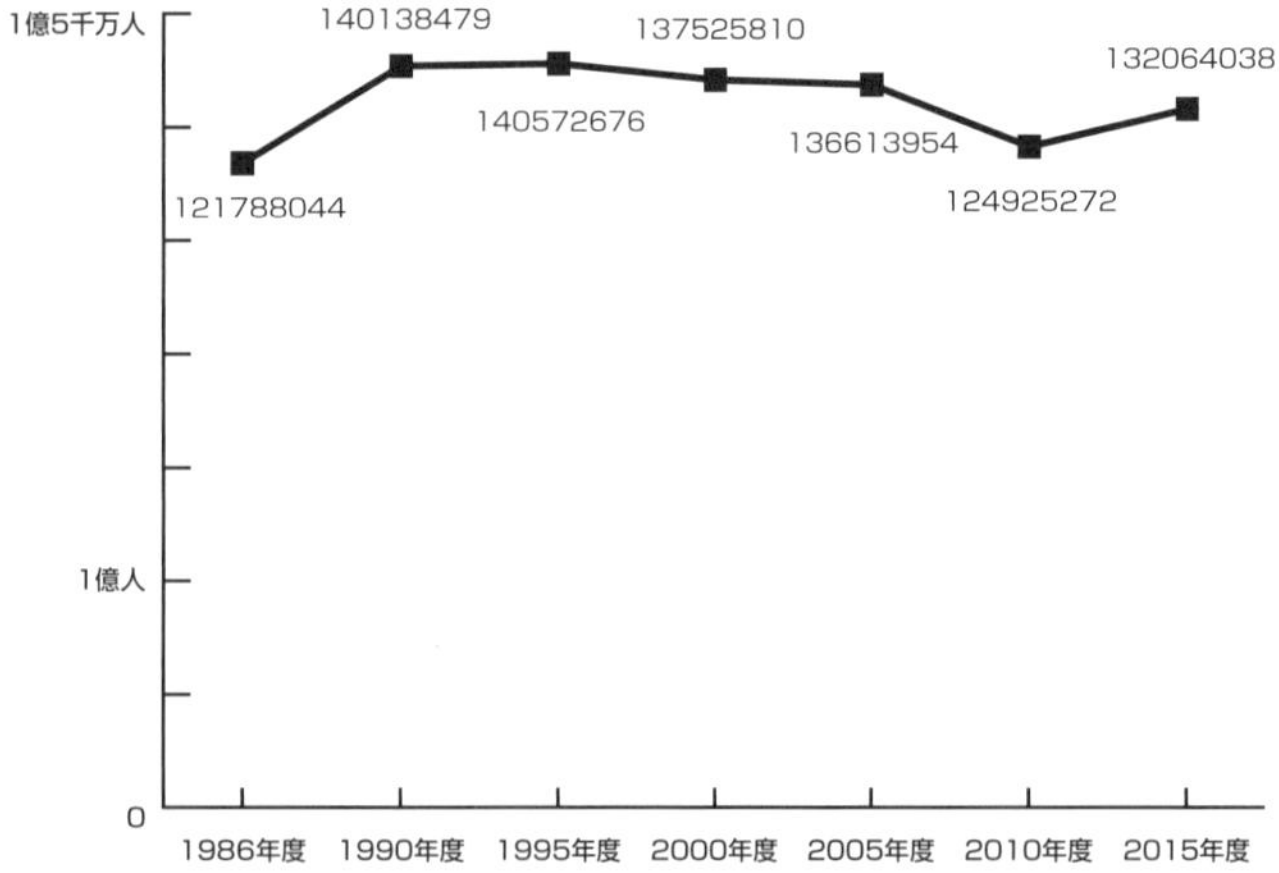

SECTION 32

温泉公衆浴場の登場

これまで、温泉に行くと言えば、多くの場合は温泉に一泊程度は泊まって来るもので、日帰りの温泉旅行は、むしろ特殊なものでした。そのため、温泉地にある施設はホテルや旅館という宿泊施設が主体で、温泉に行くには、それなりの出費を覚悟しなければならないものでした。

♨ 温泉スタイルの変化

ところが近年、このような概念とは異なる温泉旅行が増えてきました。旅行ツアー会社が企画した観光バスによる1日旅行で温泉地に行き、そこのホテルで入浴だけして、あとは近隣の観光施設やお買いもの施設に立ち寄って帰ってしまう日帰りスタイルです。

また、郊外のあちこちに大型の入浴場が建ち、そこが「〇〇温泉」などという、それまで聞いたことのなかった温泉名を名乗って営業しています。

そこでは、かつての大型リゾートホテルのミニチュア版のように、各種入浴施設や飲食施設も揃えており、客は数時間をそこで過ごし、宿泊することなく帰っていきます。

これは公衆浴場の変形とみなされるものです。しかし、泉質は決して水道水を加温したものではなく、温泉法による温泉の資格を備えているものです。

●温泉地における宿泊施設と公衆浴場の数

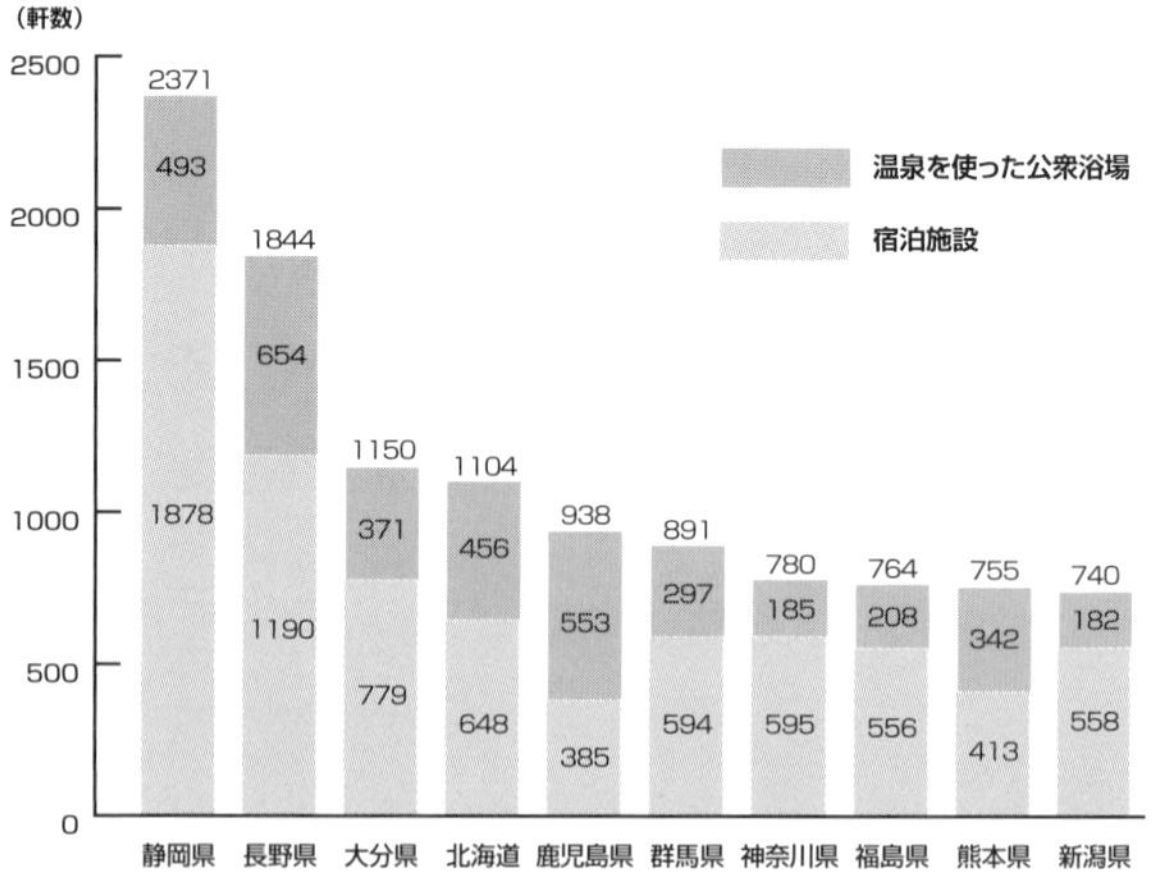

温泉施設の変遷

棒グラフは温泉地における宿泊施設と公衆浴場の数を県ごとに表したものです。公衆浴場がたくさんあることがわかります。鹿児島県では公衆浴場の数が宿泊施設の1・5倍近くもあります。温泉施設の多い静岡県でも20%は公衆浴場です。

折れ線グラフは温泉施設全体の数の経年変化です。総数は2005年前後をピークとして極端な変化は無いようです。しかし、宿泊施設の数を見ると右肩下がりに減少しています。

それに代わって増加しているのが公衆浴場です。1885年から2015年ま

●温泉施設全体の数の経年変化

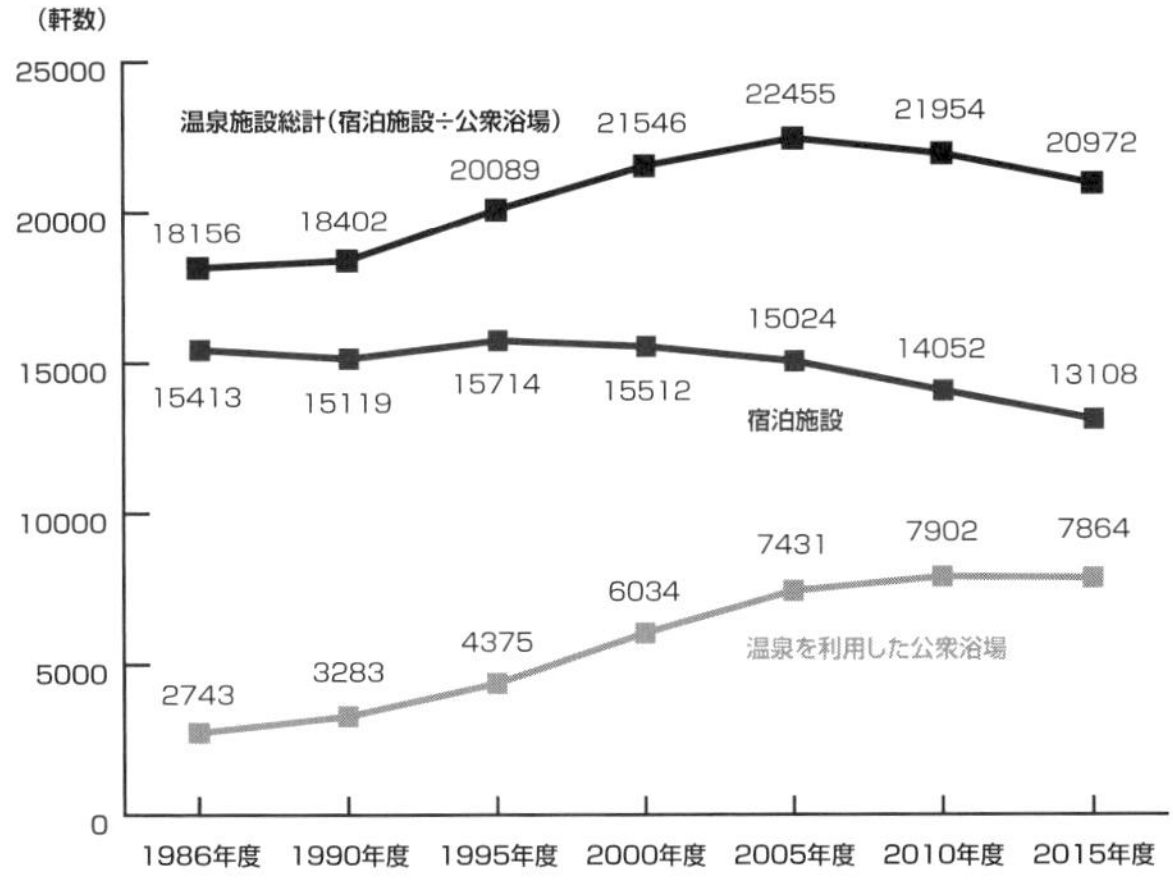

※環境省自然環境局・平成27年度データ(平成28年3月末現在/平成29年3月発表)より

での30年間で3倍近くに増えています。

これは手軽に温泉を楽しみたいと言う需要者側の要求と、どこでもボーリングすれば温泉が出る可能性が高いという供給者側の事情が合致したせいと言えるでしょう。このような傾向は今後もますます増えていくのではないでしょうか。

しかし、このような温泉施設にあるものは、急ごしらえ、極端に言えばイミテーションの温泉文化なのかもしれません。このような施設も今後年代を降れば、現在の歴史ある温泉施設と同じようなものに育っていくのかもしれません。しかし、そのためにはもう少し時間が必要なようです。

Chapter.8
温泉の問題点

SECTION 33

温泉での事故

温泉は心身を寛がせる憩いと癒しの場です。安全で快適でなければならないのですが、必ずしもそうではありません。事故はどこにでも起きます。温泉にも、温泉であるが故の事故があります。

入浴溺死

最近、高齢者が入浴中に亡くなるという事故が多発しています。温泉も風呂の一種であるからには、このような事故が起こるのは当然と言えるのかもしれません。

図の棒グラフは近年の入浴中の死亡事故の総件数です。右肩上がりに増えていることがわかります。統計をとり始めてから2倍近くに増えています。

図上部の折れ線グラフは入浴事故の内、家庭内で起こったものです。棒グラフの変化にピッタリ一致しています。下部の折れ線グラフはサービス公共施設、つまり、温泉や銭湯での事故です。ここでの事故件数は、ほぼ一定で低い水準を保っています。つまり、温泉などでの溺死事故件数は非常に少ないと言うことができるでしょう。

♨事故の原因

温泉で事故の少ない原因はいろいろ考えられます。家庭で入浴事故が起こる原因は、「①浴室と脱衣場の室温の違い」「②飲酒後の入浴」「③監視の目が届かなかった」などです。これに対して、設備の整っ

●入浴中の死亡事故の総件数

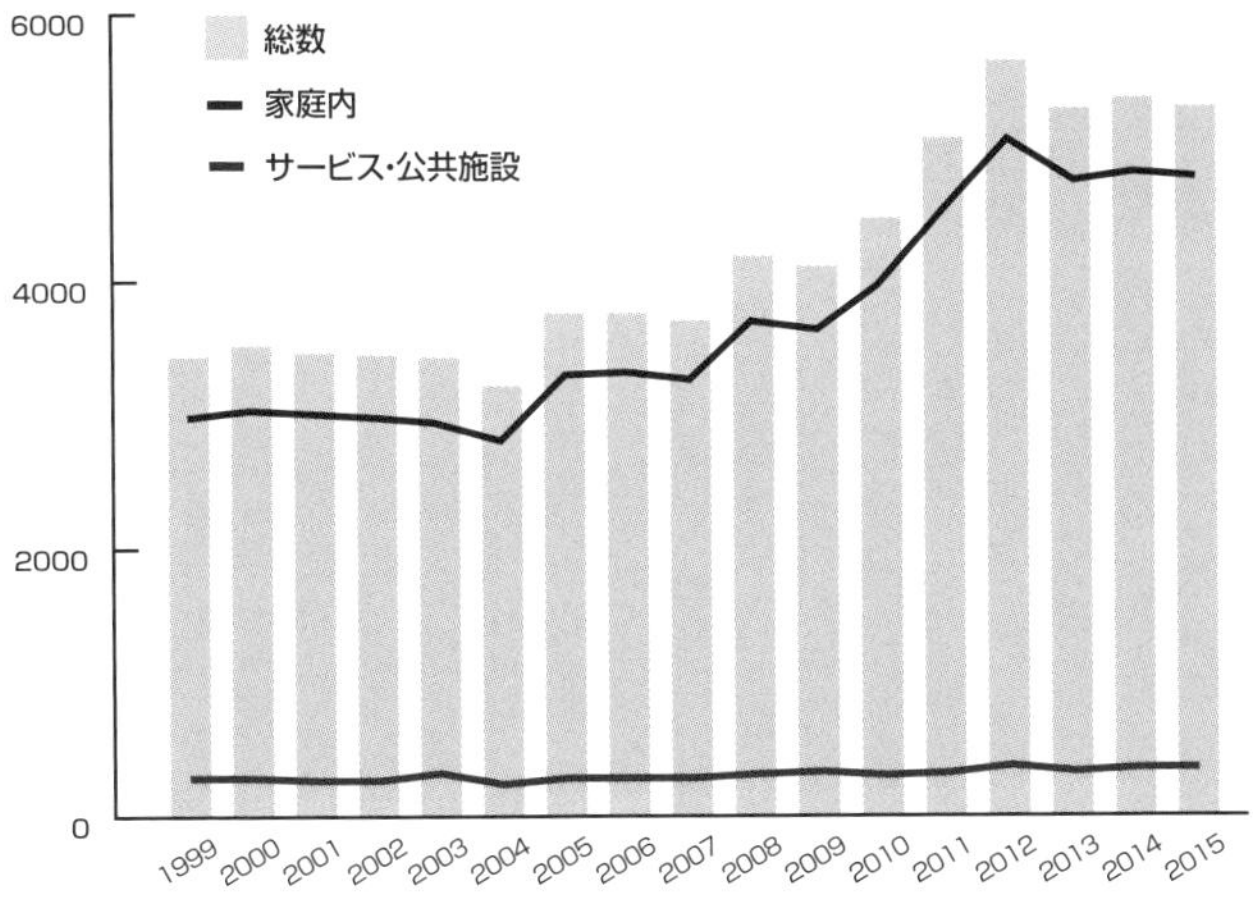

た温泉では①の心配はありません。

また、温泉の場合、宿に着くとまず入浴し、その後に食事飲酒となります。その後にまた入浴すれば②の心配もありますが、高齢者はそのまま寝ることが多く、②の可能性も低くなるのでしょう。

温泉の場合に恵まれているのは③です。多くの場合、大浴場に入るので、入浴客相互の目があり、互いに注意が行き届いているのです。温泉での入浴溺死を過大に心配する向きもあるようですが、事実は温泉は安全ということのようです。

強酸性・強塩基性

温泉の液性は酸性から塩基性までいろいろあります。とくに酸性は相当強いものまであります。酸にしろ、塩基にしろ、肌にとっては害になる可能性もあります。

❶ 強酸性

2016年に米国ワイオミング州のイエローストーン国立公園にある熱水泉に男性

が誤って転落しました。男性は妹と二人で来ており、立ち入り禁止の立札がある非常に危険な区域に進入しました。そして男性が熱水泉の温度を確かめようとして手を伸ばした際に滑って転落したということです。

妹の連絡によって救助隊が来て熱水泉の中の男性の遺体を見つけましたが、当時は雷雨で、引き上げることはできなかったといいます。しかし、翌日改めて救出にきた救助隊は遺体を見つけることはできず、サンダルなどのわずかな遺品が回収されただけだったと言うことです。メディアは遺体が強酸性の高温湯で溶けた可能性を伝えています。

●イエローストーン国立公園の熱水泉

イエローストーン国立公園では1870年の開園以降、子供7人を含む22人が、約120℃に達することもある公園内の熱水泉で死亡しているといいます。

これほどの大事故で無くとも、強酸性のお湯に入れば肌が炎症を起こしてピリピリするなどということは普通に起こります。肌の弱い人は、薄めた浴槽で我慢するとか、入った後はシャワーで酸性水を流し去るとかの注意は必要です。また、心臓の弱い人、病弱の人は過剰な刺激を避けるためにも入浴には注意すべきです。

❷強塩基性

各地に美肌の湯と呼ばれるものがありますが、泉質は何種類かあります。有名なものとして次のものがあります。

・硫黄泉……………硫化水素H_2Sガスの血管拡張効果で血行が促進し、老廃物を排出する
・炭酸水素塩泉………不要な角質や皮脂を溶かす
・アルカリ性温泉……炭酸水素塩泉と同様の効果が期待できる。

硫黄泉にはメラニン分解作用もあるといわれ、美白効果も期待できるそうです。しかし、硫黄泉は肌の弱い人は入浴後に肌が赤く荒れてしまう場合もあります。入浴後にはシャワーで温泉成分を洗い流した方がよいでしょう。

その他の2つは、いわゆるぬるぬるした肌触りの温泉です。このぬるぬる、実は自分の肌の角質などが溶けていることによるものです。従ってこのような温泉で強く体を洗うと、必要以上に角質や脂を落としてしまうことになります。

ぬるぬるの美肌の湯に入った後、肌がカサカサと粉をふいたようになることがあります。これは肌が乾燥しすぎてカサついているのです。

こういう温泉に入った時は、湯上がりに脱衣所で乳液などを塗って、肌のケアをすることが重要です。

♨ 硫化水素

滅多に起きませんが、起きると大変な事故になるのが硫化水素H_2Sによる中毒です。

硫化水素は猛毒のガスです。濃度が低い場合には、ゆで卵のような匂いがし、温泉情緒を醸し出してくれます。しかし、濃くなると嗅覚が麻痺し、匂いに気付く前に昏倒して死んでしまいます。

硫化水素は無色で空気より重いです。そのため、発生すると窪地に溜まってしまいます。そこへうっかり脚を踏み込むと、そのまま気絶して死を迎えます。かつて自衛隊のスキー訓練中に隊員がこのような窪地に滑り込み、亡くなった事件があります。

そのほかにも温泉に来ていた家族全員が亡くなったとか、温泉施設の点検に来ていたプロの点検員が亡くなったりと硫化水素の事件は忘れたころに衝撃的な様相で現れます。硫黄性の温泉に行ったときには硫化水素には充分に注意をすることが肝要です。

温泉での健康被害

事故と同じように怖いのが細菌による被害です。健康になるために行った温泉で病気になったのでは、何のための温泉かわかりません。

レジオネラ症

最近、家庭の風呂、銭湯、温泉などで発生しているのがレジオネラ菌による中毒事故です。レジオネラ症は、レジオネラ菌の感染によって起こる感染症で、肺炎を中心とするレジオネラ肺炎と、肺炎にならない自然治癒型のポンティアック熱の2つの病型があります。とくに問題となるのが、レジオネラ肺炎で、これは進行が速く、腎不全や多臓器不全を起こして、死亡する場合もあります。

レジオネラ肺炎の潜伏期間は、2～10日(平均4～5日)で、発病すると、悪寒、高熱、頭痛、筋肉痛などが起こります。呼吸器症状として痰の少ない咳、胸痛・呼吸困難などが現れ、症状は日を追って重くなっていきます。

レジオネラ肺炎は、病勢の進行が早く、死亡例は発病から7日以内が多いようです。適切な抗生剤を用いれば致死率は10～20%に抑えられますが受診が遅れて抗生剤療法が間に合わないと、致死率は60～70%にもなります。レジオネラ肺炎は健常者もかかりますが、糖尿病患者、慢性呼吸器疾患患者、免疫不全者、高齢者、幼弱者、大酒家や多量喫煙者はとくに罹りやすい傾向にあります。

●レジオネラ菌

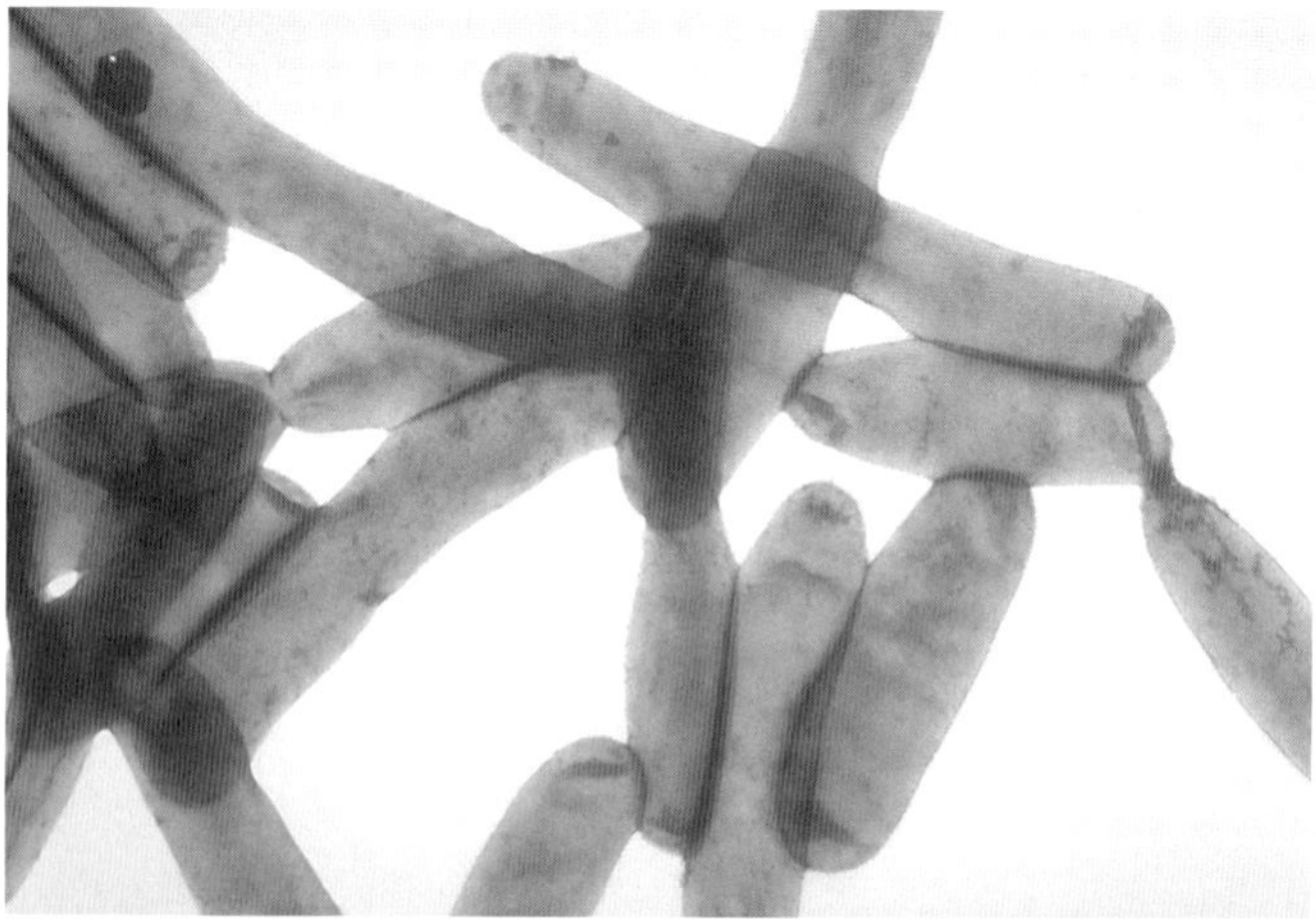

♨原因

レジオネラ肺炎は、レジオネラ菌を包んだ直径5㎛以下の霧を吸入することによって起こる気道感染症です。レジオネラ菌は土壌、河川、湖沼などの自然環境に生息していますが、一般にその菌数は少ないと考えられます。ところが冷却塔水、循環式浴槽水など水温20℃以上の人工環境水では、そこに生息するアメーバ、繊毛虫などにレジオネラ菌が寄生して増殖することになります。このようなことが起こるとレジオネラ菌の個数は、水100mLあたり10〜100個、多い時は100万個に達する場合もあります。

レジオネラ菌に汚染された循環式浴槽水、シャワー、ホテルのロビーの噴水、洗車、野菜への噴霧水を吸入した、あるいは浴槽内で溺れて汚染水を呼吸器に吸い込んだ時などに感染・発病するようです。

レジオネラ感染症は基本的に肺炎ですが、汚染水の直接接触で外傷が化膿し、皮膚膿瘍になったり、温泉の水を毎日飲んで発症した事例もあります。ただし、患者との接触によって感染したという報告はありませんので、患者を隔離する必要は無いと言います。

適切に管理された温泉施設では問題になることは無いでしょうが、中には温泉水を掛け流しにせず、循環して用いている所もあるようです。このような所では、集団発生する可能性もあります。旅行客として注意することは、宿泊施設を選定するときに、確かな筋からの情報を集めるということになるようです。

♨飲用温泉水

温泉の中には、お湯に浸かるだけでなく、そのお湯を飲むことが健康に良いとされている温泉もあります。しかし、温泉水を飲む場合にも気をつけなければいけないことがあります。

以前、各地の温泉を調査した結果、その調査対象の半分以上の温泉からヒ素が検出されたという結果がありました。また、火山性温泉の場合、お湯には火山ガスや、鉄、銅、亜鉛、鉛などの多くの重金属が含まれています。重金属の中には鉛、水銀、亜鉛などのように健康を害するものがあります。温泉水を飲む場合には注意が必要です。

しかし、きちんとした水質検査を受け、保健所から飲用の許可を得ているものならば心配はないでしょう。そうでないお湯を自分の判断で飲む場合には、自己責任としか言いようがありません。

また、保健所の許可が出ている場合でも、多くの温泉では、温泉施設内だけでの飲用に限定しています。ペットボトルなどに入れて持ち帰ると面倒なことになりかねません。温泉のお湯は水道水と違って殺菌されていません。室温で長く放置するとどのような細菌が繁殖するかわかったものではありません。

SECTION
35

温泉と自然

かつての温泉は山間にチョロチョロと湧き出るお湯を利用したものでした。それが有名になり、多くの人が訪れるようになると旅館が立ち、温泉街ができて、ますます人が集まります。すると、それまでの自然湧出のお湯だけでは足りなくなります。そこで、ボーリングして大量のお湯を得ようという開発が進みます。

このように温泉の人気と開発が車の両輪のように噛み合うと、止まるところの無い開発が進み、乱開発となって自然環境の破壊にまで進んでしまいます。

このような道は、かつて足尾銅山問題やイタイイタイ病問題で散々指摘され、問題視された道と似た道と言わなければならないでしょう。温泉開発に伴う環境破壊にはいくつかのスタイルがあります。

♨地下の水資源バランス

温泉は地下水です。この地下水を一カ所で大量に汲み上げれば他の地域に行く水量が減るのは当然です。悪くすると地下水が枯渇し、地盤沈下が起きかねません。

かつて鹿児島県の湯之尾温泉では、近くの鉱山が大量の温泉水を汲み上げ始めたために温泉のお湯が枯渇し、さらに地盤沈下によって民家数軒が傾くという被害が出たことがありました。これは工業用水の汲み上げによって温泉が被害を受けた例でしたが、温泉地で新たなボーリングをしたため、旧源泉の湯量が減る、あるいは温度が下がるというような現象も起こっているようです。

最近では、都会でボーリングによる温泉施設が増えています。地下水の汲み上げによる地盤沈下が気になるところです。しかし、このような温泉の温泉水は地下1000m以上深い所から汲み上げるのが大部分であり、表層の地盤沈下には結びつかないようです。

とは言うものの、水脈に恵まれて浅い所から汲み上げることができたとしたら、その場合には地盤沈下の原因となることもあるでしょう。

♨温泉排水

温泉水は、原則として掛け流しであり、一旦湯船に溜まったお湯はそのまま流れ続けて排水となります。この排水には温泉の成分がそっくりそのまま残っています。中には海水と同程度以上の塩分を含むもの、硫黄や各種の金属イオンを含むものもあります。これら温泉排水は下水に流す場合もありますし、下水施設の無い地方では近くの川に放水されることになります。下水施設があっても温泉水は下水管を詰まらせるとか、排水処理の微生物に害を与えるなどの理由で温泉排水を下水に流さないように指導している自治体もあるようです。

河川に流された温泉水は流域の土地に浸透し、田畑に影響を与えることになります。このようなことによる土壌汚染は富山県のカドミウムによるイタイイタイ病訴訟で問題になったことです。温泉でも、強酸性で知られる秋田県の玉川温泉流域では昔から酸性水が問題にされています。酸性温泉では排水に中和剤を投入して中和を計っている所もあります。しかし、中和の後には中和反応によって生じた物質が沈殿することがあり、その後処理が新たな問題になることもあると言います。

SECTION 36

温泉と社会環境

温泉を取り囲む環境は山や海などの自然環境だけではありません。人間が織りなす社会環境もあります。

都市・整備環境

温泉が有名になり、大規模化すると、観光客からなる流動的な人口が大きくなります。たとえ定住する人口ではないにしても、人工が増えればそれなりの都市機能が必要になります。

まず、温泉に訪れる観光客のアクセスが問題になります。道路整備は欠かせません。それは、温泉地だけの問題ではありません。周辺の広い地域を含めた対策が必要になります。当然それには予算措置が必要になります。温泉地は、その道路によって恩恵を受けるのですから予算を出すのに異論は無いでしょうが、周辺地域は必ずしも恩恵を受けるわけではありません。

静かな住環境を壊され、交通事故の可能性は増え、メリットは何も無いかもしれません。しかも下手をすると風光明媚な自然環境を売りものにした温泉地に人を運ぶ道路を整備するために、環境を破壊するという本末転倒した事態が起きることにもなりかねません。

また、このような開発が成功して将来も拡大存続するものだったらよいでしょうが、一時のバブル期に行われた乱開発のように、ブームが過ぎると一挙に客足が遠のき、跡には廃墟のような巨大ホテルが残るというような開発は誰も望まないでしょう。

開発は結構でしょうが、将来の可能性をしっかりと計算し、見通したうえでの開発でないと将来に禍根を残すことになりかねません。

♨政治・経済環境

温泉は宿泊施設だけでなく、特産品店、飲食業、娯楽施設、運送業など多くの関連産業に利益をもたらします。観光庁によれば2014年の大分の観光客数は1674万人で観光消費額は1483億円とのことです。同研究所のアンケート調査では観光客の60％は温泉が目的と答えており、温泉がもたらす経済波及効果は1236億円に上ると試算しています。これが県内総生産に占める比率は1・5％に相当し、大分県の農業生産の比率とほぼ同じとしています。

これは温泉県ともいえる大分県の例ですから特別と言えるかもしれませんが、温泉がもたらす経済的利益はかなりの額に上ると見てよいでしょう。

さらに県のような大きな単位でなく、市町村などの小さい単位でみたら、温泉収入の増減は、その地域の死活を制するほどの影響を持つでしょう。これは逆に言えば、行政の姿勢が温泉地の命運に影響することをも意味します。温泉は地域の経済に影響すると同時に、地域の行政によって影響されると言ってよいでしょう。

♨ 法律的環境

温泉は法律によって規制、保護されています。温泉に関連した法律を見てみましょう。

❶温泉法

温泉を統括する法律には温泉法というものがあります。これは1948年に制定されたものですが、その後、数回にわたって改正、拡充されて現在に至っています。

この法律は、温泉の定義、温泉地の掘削の許可、温泉の採取の許可、温泉の利用許可などに関して定めたもので、温泉全体を規定する法律です。また、温泉採取に伴って起こる可能性のある天然ガスの安全性、あるいは冷泉を加熱する際の安全性などについても触れています。

❷公衆浴場法

1948年に公布された法律で、温泉、銭湯、サウナなどの公衆浴場を規制する法律です。公衆浴場は多くの人が集合するところであり、衛生上の危害が生じるおそれがあるため、公衆衛生の見地から必要な規制を加えようという趣旨の法律です。

❸文化財保護法

1950年に制定された法律ですが、温泉に関係するのは重要文化財と天然記念物の扱いに関する部分です。温泉宿は古くて立派なものが多く、たくさんの旅館が重要文化財などに指定されています。また、温泉源には特別の地形や間欠泉などが多く、これらの多くは天然記念物として保護されています。

❹ その他

他にも、旅館を営むには「旅館業法」、お酒を出したりするためには「風俗営業等の規制及び業務の適正化等に関する法律（風営法）」にもとづく許可を受けなければなりません。また、大型のレジャーホテルになったら「興行場法」の規制も受けるかもしれません。

❺ 温泉権

ところで温泉は一体誰のものなのでしょうか。これを定めるのが「温泉権」という聞き慣れない言葉です。温泉権は、温泉を利用する慣習法上の物権的権利をいいます。民法によれば、温泉は地下水の一種ですから、その権利は土地の所有者に帰属することになるはずです。

しかし、温泉は湧き出る土地の一部というだけではなく、温泉だけで高い経済的価値を持つものです。そこで慣習上、その土地の所有権とは別個独立の権利として取引の対象とされてきました。

このようなことが問題になるのは、最近増えたボーリングによる人工掘削泉の場合です。温泉掘削者と地盤所有権者が異なる場合、両者の関係が問題となります。これまでの裁判例によれば、「対抗要件さえ備えれば、温泉権者はその権利を地盤所有権者に対して対抗することができる」とされています。

対抗要件として認められたものは、「①保健所備付の温泉台帳への登録」あるいは、「②温泉擁護建物の建築並びにその保存登記」などとなっています。

伝統的な温泉にいまさら問題が起こることは無いでしょうが、新たに泉源を開発しようとする場合には、工事関係者だけでなく、弁護士に相談することが必要でしょう。

♨風紀的環境

温泉の環境問題としては、温泉業に従事する人以外の、周囲の人々に対する影響も考えなければなりません。

温泉に来る人々は非日常的な雰囲気を楽しむ人たちです。このような行楽客が増えた環境で、普通の人々が日常的な生活を営むのは大変です。とくに子供たちへの教育的影響は、無視できないのではないでしょうか。

この問題は、最近多い都会型の温泉公衆浴場で大きいのではないでしょうか。高額なボーリングをして泉源を確保しても、住民の反対運動で施設の建設ができない、ということが起こらないとも限りません。

あ行

か行

さ行

ま行

や行

ら行

た行

な行

は行

■著者紹介

齋藤《さいとう》 勝裕《かつひろ》

名古屋工業大学名誉教授、愛知学院大学客員教授。大学に入学以来50年、化学一筋できた超まじめ人間。専門は有機化学から物理化学にわたり、研究テーマは「有機不安定中間体」、「環状付加反応」、「有機光化学」、「有機金属化合物」、「有機電気化学」、「超分子化学」、「有機超伝導体」、「有機半導体」、「有機EL」、「有機色素増感太陽電池」と、気は多い。執筆暦はここ十数年と日は浅いが、出版点数は150冊以上と月刊誌状態である。量子化学から生命化学まで、化学の全領域にわたる。著書に、「SUPERサイエンス 量子化学の世界」「SUPERサイエンス 日本刀の驚くべき技術」「SUPERサイエンス ニセ科学の栄光と挫折」「SUPERサイエンス セラミックス驚異の世界」「SUPERサイエンス 鮮度を保つ漁業の科学」「SUPERサイエンス 人類を脅かす新型コロナウイルス」「SUPERサイエンス 身近に潜む食卓の危険物」「SUPERサイエンス 人類を救う農業の科学」「SUPERサイエンス 貴金属の知られざる科学」「SUPERサイエンス 知られざる金属の不思議」「SUPERサイエンス レアメタル・レアアースの驚くべき能力」「SUPERサイエンス 世界を変える電池の科学」「SUPERサイエンス 意外と知らないお酒の科学」「SUPERサイエンス プラスチック知られざる世界」「SUPERサイエンス 人類が手に入れた地球のエネルギー」「SUPERサイエンス 分子集合体の科学」「SUPERサイエンス 分子マシン驚異の世界」「SUPERサイエンス 火災と消防の科学」「SUPERサイエンス 戦争と平和のテクノロジー」「SUPERサイエンス 「毒」と「薬」の不思議な関係」「SUPERサイエンス 身近に潜む危ない化学反応」「SUPERサイエンス 爆発の仕組みを化学する」「SUPERサイエンス 脳を惑わす薬物とくすり」「サイエンスミステリー 亜澄錬太郎の事件簿1 創られたデータ」「サイエンスミステリー 亜澄錬太郎の事件簿2 殺意の卒業旅行」「サイエンスミステリー 亜澄錬太郎の事件簿3 忘れ得ぬ想い」「サイエンスミステリー 亜澄錬太郎の事件簿4 美貌の行方」「サイエンスミステリー 亜澄錬太郎の事件簿5［新潟編］ 撤退の代償」「サイエンスミステリー 亜澄錬太郎の事件簿6［東海編］ 捏造の連鎖」「サイエンスミステリー 亜澄錬太郎の事件簿7［東北編］ 呪縛の俳句」（C&R研究所）がある。

編集担当：西方洋一 ／ カバーデザイン：秋田勘助（オフィス・エドモント）
写真：©tomophotography - stock.foto

SUPERサイエンス 知られざる温泉の秘密

2022年6月1日　初版発行

著　者　齋藤勝裕
発行者　池田武人
発行所　株式会社　シーアンドアール研究所
新潟県新潟市北区西名目所4083-6(〒950-3122)
電話　025-259-4293　FAX　025-258-2801
印刷所　株式会社　ルナテック

ISBN978-4-86354-387-4 C0043